DAS **SIEₒER**-TEAM

Katrin Seifarth

DAS SIEgER-TEAM

40 handfeste Tipps
für die erfolgreiche
Zusammenarbeit
von Frauen und
Männern im Job

Ellert & Richter Verlag

Inhalt

Teil 2
Das Verhalten von Adam und Eva, illustriert an
40 typischen Geschäftssituationen

Sie + Er = Mehr

Viele Debatten über das Verhältnis von Männern und Frauen sind recht ermüdend. Geprägt von eindimensionalen Sichtweisen werden stereotype Rollenmuster bemüht, die meines Erachtens nicht mehr zeitgemäß oder viel zu pauschal sind. Und so sehe ich mich auch nicht als „klassische Eva", sondern bin ganz froh, meine eigene „Isabel" zu sein. Beruflich bin ich davon überzeugt, dass vielfältige Teams bessere Ergebnisse liefern. Das setzt natürlich Verständnis für den anderen voraus, ebenso wie Respekt für andere Sichtweisen. Frei nach Tucholsky: Toleranz ist eben der Verdacht, dass der andere recht haben könnte ...

In Zeiten, in denen Wandel nicht länger ein kurzfristiges Unternehmensprogramm, sondern zum Normalzustand geworden ist, zählt es heute zu den wichtigsten Aufgaben von Führungskräften, eine Unternehmenskultur zu schaffen, die auf Vertrauen aufbaut und erfolgreiches Miteinander im Unternehmen ermöglicht. Dies schließt insbesondere den gleichberechtigten Umgang von Frauen und Männern ohne „gläserne Decken" und Karrierehindernisse ein.

Bei P&G habe ich erlebt, wie Diversity, Chancengleichheit und geschlechterunspezifische Karrieren als zentrale Bestandteile der Unternehmenskultur eine Arbeitsatmosphäre für Mitarbeiterinnen und Mitarbeiter schaffen, die Innovation zielorientiert fördert und zum echten Katalysator von Wandel wird.

Deshalb gefällt mir der Ansatz, den Katrin Seifarth in ihrem Buch gewählt hat, sehr gut. Sie leistet einen gleichermaßen wertvollen wie inspirierenden Beitrag zur Diskussion um „Gender Diversity". Katrin Seifarth entzieht sich in wohltuender Weise oft gehörten Binsenweisheiten und skizziert Situationen mit professionellem Scharfblick – „augenzwinkernde" Beobachtungen eingeschlossen.

Das vorliegende Buch stellt insbesondere Führungskräften wichtiges Rüstzeug zur Verfügung, um geschlechterspezifisches Verhalten einzuordnen und im täglichen Wirken zielführender damit umgehen zu können. Viele der dargestellten Ansätze haben sich in der unternehmerischen Praxis bewährt, gleichzeitig finden sich aber auch Lesarten, die im privaten Bereich weiterhelfen. Die Stärke des Buches liegt in der Anwendbarkeit und den sehr konkreten Anregungen mit hohem Praxisbezug – nicht zu vergessen in einem stets frohgemuten Blick auf die Unterschiede und Eigenarten, die uns alle manchmal schmunzeln lassen ... Denn seien wir ehrlich: Frauen und Männer sind nun einmal unterschiedlich – und das macht es ja so spannend.

Kurzum: Ich lege speziell Führungskräften – aber auch allen, die neue Denkanstöße zum Umgang und zur Kommunikation von „Eva" und „Adam" schätzen – das Buch von Katrin Seifarth ans Herz. Ich selbst habe mich in der einen oder anderen Beschreibung in der Tat wiederentdeckt: Nicht immer nur als „Eva", dann und wann auch als „Adam" – vor allem aber immer wieder als „Isabel".

Mein Lieblingstipp für beide: Nr. 15 Innovationsfindung, Brainstormings
Mach ich schon: Nr. 24 Wann ist Teamwork ein Erfolg?
Will ich besser machen: Nr. 21 Das Verhalten nach dem Konflikt und das Wort „Sorry"

Isabel Hochgesand
Geschäftsführerin Logistik
Procter & Gamble Gruppe Deutschland, Österreich, Schweiz

Gemeinsam zum Ziel: Adam und Eva – ein unschlagbares Team!

Ich war sofort begeistert davon, dieses Buch mit einem Vorwort einleiten zu dürfen. Seit mehr als 20 Jahren bin ich als Führungskraft in deutschen und amerikanischen Unternehmen tätig und würde mich, um in der Definition dieses Buches zu bleiben, als typischen Adam bezeichnen: ziel-, ergebnis- und lösungsorientiert, eher ein Freund von kurzen Formulierungen als von langen Sätzen. Sprich – ich finde mich in vielen Stereotypen wieder, die in diesem Buch dargestellt werden.

Allerdings hatte ich das Glück, in diesen 20 Jahren überwiegend in Unternehmen zu arbeiten, bei denen weibliche Führungskräfte keine Ausnahme sind beziehungsweise die von weiblichen Managern geführt wurden oder noch heute geführt werden. Und gerade von meinen weiblichen Vorgesetzten konnte ich lernen, dass Ziel- und Lösungsorientierung nicht im Widerspruch zu einem beziehungsorientierten und rücksichtsvollen Miteinander stehen muss. Im Gegenteil, gerade die Kombination von beiden Verhaltensweisen und Eigenschaften hat wiederholt zu besseren und nachhaltigeren Geschäftsergebnissen geführt.

Ich bin außerdem begeistert von Aufbau und Struktur des Buches. Es beschreibt sehr anschaulich typische Geschäftssituationen als potenzielle Konfliktherde, die in der Zusammenarbeit von Adam und Eva täglich auftreten können, und bietet gleichzeitig einfache und praktische Lösungsansätze. So ist selektives Lesen und Anwenden möglich.

Die Bedeutung dieses Buches reicht aber deutlich darüber hinaus, wie jeder Einzelne, egal ob Adam oder Eva, konstruktiver und zielführender mit geschlechterspezifischen Verhaltensweisen umgehen kann. Ich bin zutiefst davon überzeugt, dass in einer zusehends komplexeren Umwelt eine erfolgreiche unternehmerische Zielerreichung kaum noch durch die Leistung eines Einzelnen möglich ist, sondern nur durch das erfolgreiche Zusammenwirken von Teams, bestehend aus Adams und Evas mit unterschiedlichen Erfahrungen und Verhaltensweisen.

Darüber hinaus ist es in Zeiten mit annähernd erreichter Voll-
beschäftigung immer wichtiger, als Arbeitgeber interessant zu sein für
neue Mitarbeiter, unabhängig von Geschlecht, aber auch Alter. Und
hier spüre ich im täglichen Miteinander oder auch in Vorstellungs-
gesprächen, dass zunehmend Evas wie auch Adams einen guten Arbeitgeber nicht nur nach Karriere und Entwicklungsmöglichkeiten,
dem „Was", definieren, sondern auch nach dem „Wie", nämlich der
Wertekultur und dem Umgang miteinander im Unternehmen.

Und noch ein Tipp: Falls die Stimmung zu Hause mal nicht so
gut ist oder Sie das Gefühl haben, dass wieder aneinander vorbeigere-
det wird: Denken Sie an Adam und Eva, und es ist gar nicht so un-
wahrscheinlich, dass Sie Lösungsansätze oder Denkanstöße auch für
das private Miteinander in diesem Buch finden.

Mein Lieblingstipp für beide: Nr. 40 Netzwerken
Mach ich schon: Nr. 22 Ein neues Team formiert sich – erste Schritte
Will ich besser machen: Nr. 39 Mit Coaches, Mentoren und anderen
„Helfern" arbeiten

Viel Spaß beim Lesen und Anwenden
Jürgen „Adam" Reichle
Geschäftsführer PepsiCo Deutschland GmbH

Teil 1

SIE und ER:
Was unterscheidet sie?

Die Geschäftswelt: eine Männerwelt?
Meine Motivation für dieses Buch

Die Frauenquote und freiwillige Selbstverpflichtungen dominieren die Medien. Mehr und mehr Frauen wird es in den Unternehmen vor allem in Führungspositionen geben, manche Branchen sind bereits sehr „frauenlastig". Es gibt unzählige Studien, die belegen, dass Unternehmen, in denen Gender Diversity, also Förderung und Anerkennung beider Geschlechter, wirklich gelebt wird, die besseren Ergebnisse liefern. Dies scheint einleuchtend, denn Männer und Frauen sind zum Glück verschieden und ergänzen sich in vielerlei Hinsicht. So war es von der Schöpfung wohl gedacht.

Gleichzeitig ist diese Verschiedenheit der Geschlechter aber auch die Quelle von Spannungen und Missverständnissen, die in unterschiedlichen Kommunikations- und Verhaltensweisen begründet liegen. Und sie ist die Quelle endloser Diskussionen, die die Geschlechter teilweise mehr auseinandertreiben, als sie zueinanderzuführen. Das kennen wir nicht nur aus dem Geschäftskontext, sondern aus jeder heterosexuellen (und übrigens auch homosexuellen) Paarbeziehung. Dabei haben wir doch im Business alle das gleiche Ziel: Unser Geschäft soll wachsen!

Dieses Buch will Ihnen helfen, typische Konflikte und Missverständnisse sowie Verschiedenheiten zwischen den Geschlechtern im Geschäftsleben zu erkennen, und Ihnen Vorschläge machen, wie Sie besser und zielführender damit umgehen können. Statt sich gegenseitig eines Besseren zu belehren, sich in unnötigen Machtkämpfen zu verlieren, mit Kopfschütteln zu reagieren oder – wie viele Frauen es tun – vor der „Geschäfts-Männerwelt" gar zu resignieren, können Sie so das unendliche Potenzial von Frau und Mann in Ihrem Arbeitsalltag voll ausschöpfen. Ich möchte Sie auf die Stärken verschiedener Verhaltensweisen hinweisen und aufzeigen, in welchem Kontext sie besonders sinnvoll und nützlich sein können. Es gibt kein Richtig und kein Falsch. Beide Seiten haben ihre individuellen Stärken, aus denen etwas großes

Neues entstehen kann, wenn wir sie gezielt zusammenwerfen. Sie können voneinander lernen, Vorurteile und Opferrollen ablegen und hoffentlich auch noch eine große Portion der neuen Betrachtungsweise
für Ihre private Paarbeziehung nutzen.

Bitte sehen Sie mir nach, dass ich nicht den Ursprung aller Ver-
haltens- und Kommunikationsweisen, besondere Kommunikations-
modelle und die zahlreichen Studien zur Gender Diversity beleuchten
werde. Dazu gibt es ausreichend Literatur, auf die Sie Verweise im
Literaturverzeichnis finden. Mir ist wichtiger, Ihnen einfache und sofort umsetzbare praktische Wege aufzuzeigen, um Konflikte zwischen
den Geschlechtern im Arbeitsalltag zu lösen beziehungsweise am besten gleich zu verhindern. So können Sie Synergien zutage fördern, mit
denen Sie bessere, größere und nachhaltigere Geschäftsergebnisse er-
zielen, ohne Zeit und Kraft in sinnlosen Konflikten zu verlieren.

Alle Beispiele für geschlechterspezifische Kommunikations- und
Verhaltensweisen in diesem Buch beruhen auf meinen eigenen Erfah-
rungen im Geschäftsleben, als Führungskraft, als Coach, Trainer und
Moderator von Workshops. Ich halte die beschriebenen Situationen
für die wesentlichen, wenn es darum geht, Potenziale aufzudecken und
Konflikte zu verhindern.

Ich bin die „Guerilla-Bücher" herzlich leid, in denen Frauen zu
Kampfmaschinen gemacht, in die angeblichen Regeln der Männerwelt
eingeweiht werden und Verhaltensweisen angeraten bekommen, die
so unweiblich sind, dass die Frauen früher oder später unzufrieden
werden müssen und die diesen Verhaltensweisen ausgesetzten Männer
sowieso. Und ich bin die Bücher leid, in denen Männer portraitiert
werden, als seien sie ungehobelte grobe Klötze, die außer ihrer Karriere
nichts im Kopf haben. Ich bin es ebenso leid, dass von Männern im
Geschäftskontext der perfekte Umgang mit Frauen erwartet wird, aber
dass ihnen niemand das Thema bisher auch nur annähernd so aus-
führlich nahegebracht hat, wie unzählige Autoren es mit Büchern für
Frauen in die umgekehrte Richtung getan haben.

Bei den Recherchen zu diesem Buch wurde mir an manchen
Stellen entgegengehalten, dass diese Geschlechterunterschiede nur Klischees seien. In der Tat gibt es Unternehmen, da funktioniert die Zusammenarbeit zwischen Frau und Mann schon sehr reibungslos. Dazu

zählen amerikanische Unternehmen mit einem höheren Bewusstsein für die Gender-Thematik oder Unternehmen mit jüngeren Mitarbeitern, die mit einem moderneren Rollenverständnis aufgewachsen sind. Männer und Frauen verhalten sich dort stellenweise bereits bewusster, haben möglicherweise das eine oder andere Verhaltensmuster abgelegt oder in den Hintergrund gedrängt, weil sie gelernt haben, dass es die Zusammenarbeit blockiert. Männer und Frauen, die mit Geschwistern des jeweils anderen Geschlechts aufgewachsen sind, tun sich ebenfalls viel leichter im Umgang mit „der anderen Seite". Diese Schule des Lebens kann kaum ein Buch ersetzen.

Zumindest für Westeuropa gilt, dass Frauen selbstbewusster geworden sind und stärker einfordern, was sie wollen. Und der heutige Mann ist viel verständnisvoller und einfühlsamer als früher und als in der Fachliteratur dargestellt. Das heißt aber alles nicht, dass die Geschlechterunterschiede nicht mehr da sind. Sie stecken nach wie vor tief in uns, wir sind nur mittlerweile sehr gut in unserem Verhalten nach außen konditioniert. Kaum eine Frau wird versuchen, mit Weinen ihr Ziel zu erreichen, und kaum ein Mann wird noch mit der Faust auf den Tisch schlagen – um nur einmal zwei Klischees anzusprechen. Aber wenn es keine Unterschiede zwischen den Geschlechtern geben sollte, hätte der liebe Gott ja gleich ein Neutrum geschaffen. Er hat jedoch beide geschaffen: Adam und Eva, und gehen wir mal davon aus, dass er den Unterschied nicht auf die Fortpflanzungsorgane begrenzen wollte.

Das Fazit gleich als Warnung vorweg: Ja, dieses Buch steckt voller Klischees – oder sagen wir besser voller Stereotype, das heißt voller „Weisheiten", die das eine Geschlecht über das andere zu vermelden hat. Sie entstehen nicht zufällig, sondern weil wir Dinge beim anderen wahrnehmen, die unserem Bild der Welt fremd sind. Unsere eigenen Erfahrungen bringen uns zu solchen Stereotypen und Generalisierungen. Wir haben sie quasi als Filter verinnerlicht und erwarten sogar teilweise bereits gewisse Verhaltensweisen beim anderen Geschlecht. Da solche erwarteten Verhaltensweisen oft dem privaten Kontext entspringen, sind sie meist sehr emotionaler Natur und wir haben sie besonders verinnerlicht, so sehr, dass uns erst einmal jemand das Gegenteil beweisen muss. So etwas nennt man dann ein Vorurteil.

Genau mit derartigen Vorurteilen und Filtern fängt das gegenseitige (Un-)verstehen an. Deshalb: Ja, ich spreche hier von schwarz und weiß, ja, ich rede von Männern und Frauen, als seien sie alle gleich, und manche Stellen sind bewusst überzeichnet. Dies alles dient nur der Vereinfachung einer sehr komplexen Thematik. Ich will Ihnen Möglichkeiten aufzeigen, den anderen mit seinem Verhalten und seinen Gedanken zu verstehen. Da wir bereits gut konditioniert sind, zeigen wir nämlich viele unserer inneren Filme und Gedanken über den anderen nicht unbedingt der Außenwelt, aber sie bleiben in unserem Verhalten doch sichtbar und spürbar.

Wenn Sie sich also mit Klischees und Überzeichnungen gar nicht anfreunden können, verschenken Sie dieses Buch weiter. Wenn Sie sich aber darauf einlassen und aus dem einen oder anderen Vorurteil aussteigen, bin ich mir sehr sicher, dass Sie sich und das andere Geschlecht an vielen Stellen hoffentlich schmunzelnd wiedererkennen und sich einem neuen Zugang zu dem Thema öffnen können. Wir leben in der gleichen Welt, aber jeder nimmt sie anders wahr. Wenn Sie sich übrigens bei manchen der beschriebenen Situationen ärgern und sich fragen: „Was hat das mit mir zu tun?" oder sich denken: „Da komme ich als Mann/Frau aber schlecht weg", dann horchen Sie besonders gut in sich hinein. Dort, wo wir uns am meisten aufregen, sitzen oft unsere größten Wunden.

Ich gebe Ihnen keine Verhaltensvorschriften, sondern Denkanstöße. Was Sie daraus machen, bleibt Ihnen überlassen. Sie können still und heimlich mit alternativen Verhaltens- und Kommunikationsweisen experimentieren, ohne dass es anderen überhaupt bewusst werden muss. Und wenn Ihr Experiment nicht den gewünschten Effekt hat, probieren Sie ein alternatives Verhalten aus. Nur Sie können durch eine Änderung in Ihrer eigenen Vorgehensweise beim anderen eine andere Reaktion auslösen. Sie werden den anderen nicht ändern. Nicht alle Adams oder alle Evas reagieren auf die gleiche Art und Weise, es sind schließlich Menschen und keine Roboter. Daher erfordert es hier und da ein wenig Ausdauer, um zum Ziel zu kommen.

Das Buch ist in 40 typische Geschäftssituationen unterteilt, sodass Sie problemlos auch einmal spontan nachschlagen können, wenn Sie insgesamt in der Thematik schon sehr versiert sind und Ihnen dann im Geschäftsleben ein Verhalten begegnet, das Sie nicht klar einordnen können oder mit dem Sie besser umgehen wollen. Manche Punkte werden daher an manchen Stellen ausführlicher behandelt, an anderen noch einmal kurz wiederholt, nicht um Sie zu langweilen, sondern um Ihnen ein Querlesen zu ermöglichen.

Letztlich zählt im Geschäftsleben wie im Privatleben eines: das Ergebnis. Und wenn Sie das effektiver und effizienter erreichen können ohne zeit- und nervenaufreibende Konflikte oder Missverständnisse und so gemeinsam SIEgER sein können, sind Sie sicher zufriedener und haben mehr Zeit für die schönen Dinge im Leben. Und das wäre doch schon ein Erfolg, oder?

Ein bisschen Begriffsdefinition und Kontext – das muss leider sein

Ich möchte im Folgenden nicht die abstrakten und langweiligen Begriffe „Mann" und „Frau" verwenden. Genauso wenig möchte ich Ihre Augen damit strapazieren, die im Titel eingebauten Begriffe SIE und ER ständig in Großbuchstaben lesen zu müssen. Daher nenne ich die beiden wie die laut Bibel ersten Menschen: Adam und Eva. Jetzt gibt es natürlich Adams mit hohen Eva-Anteilen und Evas mit hohen Adam-Anteilen. Dabei ist keinerlei Wertung beinhaltet. Ein Adam mit hohen Eva-Anteilen ist nicht gleich eine Eva, und umgekehrt. Nichtsdestotrotz können wir bestimmte Verhaltensweisen schon historisch begründet entweder eher Adam oder eher Eva zuordnen. Übrigens gibt es auch bei Homosexuellen Menschen, die eher Adam-Eigenschaften haben, und Menschen, die eher Eva-Eigenschaften haben. Sie werden beim Lesen dieses Buches spüren, wen Sie wo eher einordnen können.

Hinzu kommt der weitverbreitete Mythos, dass die Geschäftswelt eine Männerwelt sei. Ich halte die Geschäftswelt für eine Leistungswelt, in der das Ergebnis zählt, in der zählt, wer gewinnt. Jetzt wird Evas immer unterstellt, sie seien keine Wettkampftypen und sie müssten deshalb diese Regeln erst lernen, um gewinnen zu können. Wie erklären wir uns aber dann, dass Frauen im Schnitt die besseren Schul- und Studienabschlüsse ablegen? Ganz einfach, sie bedienen sich statt des Wettkampfs anderer Tugenden wie Fleiß, Ausdauer und Selbstdisziplin und erreichen damit ihr Ergebnis. Gewinnen kann jeder auf seine Art. Allerdings stimmt es in meinen Augen, dass Männer in der Regel bereits im Kindesalter mehr Wettkampfspiele spielen, und da die Geschäftswelt bisher doch eher männerlastig ist, vor allem an der Spitze, etabliert sich die männliche Wettkampfkultur. Was aber nicht heißt, dass die weiblichen Tugenden in der Geschäftswelt nicht genauso zielführend wären.

Viele Evas sind bereits konditioniert und verhalten sich in der Geschäftswelt nicht mehr wie die „klassischen" Evas. Sie haben sich angepasst, oft genug gespürt, dass sie sich anders verhalten müssen, um weiterzukommen. Dennoch: sie können ihr Verhalten steuern, aber nicht ihre Gefühle. Und genau deshalb fühlen sich viele in der Zusammenarbeit mit Adams auch nicht immer wohl oder zumindest nicht zu 100 Prozent authentisch. Manche haben sich leicht angepasst, sind aber durch und durch Eva geblieben, andere (die Leserinnen meiner geliebten Guerilla-Bücher) haben ihre Authentizität in der Tat bereits verloren. Sie fokussieren sich dank der Literatur oder gut gemeinter Ratschläge oft auf das Abstellen ihrer weiblichen Schwächen und nicht auf das Stärken ihrer weiblichen Seite. Ich möchte daher zwischen drei Evas unterscheiden: der klassischen Eva, der Krawall-Eva und der teilweise noch existierenden Kleinkind-Eva. In den einzelnen Kapiteln des Buches werde ich an den betreffenden Stellen die Unterschiede noch stärker herausarbeiten. Wenn nicht anders erwähnt, ist im Folgenden immer von der klassischen Eva die Rede.

Die klassische Eva: Sie ist die Eva, wie sie geboren wurde mit all ihren weiblichen Eigenschaften und Stärken. Sicher ist sie sowohl im Privat- als auch im Geschäftsleben das Wunschbild vieler Adams. Eine Frau, die sich ihrer Weiblichkeit bewusst ist und zwar relativ genau weiß, was sie will, aber nicht die Krallen ausfährt, um ihre Ziele zu erreichen.

Die Krawall-Eva: Es gibt sie in mehreren Ausprägungen. Die leichte Form der Krawall-Eva ist oft sogar recht erfolgreich, denn sie spricht Adams Sprache. Und das ist in der nach wie vor von Männern dominierten Geschäftswelt vordergründig ein Plus. Leider hat sie ihre weiblichen Stärken so weit ausgeblendet, dass sie diese nicht mehr abrufen kann. Synergien können mit ihr kaum entstehen, da sie sich verhält wie Adam. Im Folgenden ist mit dem Begriff Krawall-Eva jedoch immer die extreme Form der Krawall-Eva gemeint. Sie ist das Horrorbild der Adams im Geschäftsleben, hat alle Guerilla-Bücher gelesen und versucht, ein besserer und aggressiverer Adam zu sein. Sie kopiert ihn, bleibt aber eben eine Kopie. Von ihm wird sie als verkrampft, nervend und wenig authentisch angesehen. Vielen Männern kommen bei ihrem Anblick erschreckend derbe Sprüche über die Lippen im Hinblick darauf, was ihr so fehlt.

Die Kleinkind-Eva: Viele Adams mögen sie privat sehr gern, da sie Beschützerinstinkte weckt, aber im Geschäftsleben wird sie weniger gemocht, da sie schwer einschätzbar und kaum kontrollierbar ist. Kompetenz in fachlichen Fragen traut Adam ihr in keiner Weise zu. Zu oft spielt sie das kleine beschützenswerte Mädchen oder verlässt sich auf ihren Charme, um Männer zu bezirzen, und bricht gern mal in Tränen aus. Die Kleinkind-Eva bekommt daher oft sehr unliebsame Aufgaben. Von anderen Evas wird sie besonders torpediert. Sie ist übrigens selten in Management- oder Führungspositionen zu finden, denn bis dahin sind die meisten hinter ihren Trick gekommen, aber sie ist durchaus anzutreffen.

Sicherlich könnte ich bei den Adams einen Unterschied machen zwischen dem Macho, dem verständnisvollen oder auch noch weiteren Adam-Unterausprägungen. Dieser Unterschied schlägt aber meiner Erfahrung nach im Geschäftsleben noch nicht so stark durch. Dafür ist Adam durch und durch Adam und mit seinen klassischen männlichen Fähigkeiten schon lange erfolgreich im Geschäft. Im Privatleben zeigen sich diese Unterausprägungen stärker. Dort durchleben viele Adams eine ähnliche Verunsicherung, wie Evas sie im Geschäftsleben erfahren. Sie fragen sich, wie ein Mann zu sein hat und welche Erwartungen Frauen an ihn stellen.

In der Summe plädiere ich dafür, dass wir aufhören, Evas zu Kampfmaschinen zu machen und Adams zu Softies. Sämtliche Gegenpole zwischen den Geschlechtern werden so nivelliert und dann wundern wir uns, wenn irgendwann die Anziehungskraft verloren geht. Das soll aber nicht Thema dieses Buches sein.

Nun habe ich noch eine große Bitte an Sie, mit der Sie sich Ihr Leben viel einfacher machen können. Gehen Sie davon aus, dass alle Menschen, egal was sie tun, in positiver Absicht handeln. Ja, das mag Ihnen seltsam vorkommen, wenn Sie zum Beispiel an einen Verbrecher denken. Aber auch dieser begeht ein Verbrechen, um ein Bedürfnis zu befriedigen. Dass wir das moralisch verwerflich finden, steht außer Frage. Mir geht es darum, dass Sie sich klar machen, dass eine Person etwas tut, was ihr selbst einen Nutzen bringt und ihr guttut. Und das betrifft alle Menschen: die in Ihren Augen Guten oder Bösen, Ihren Partner, Ihre Kinder, Ihre Freunde und Ihre Kollegen, egal ob Adam oder Eva. Bei Geschlechterkonflikten oder auch bei Paarkonflikten denken wir oft, der andere wolle uns mutwillig wehtun. Mein Tipp: Nehmen Sie sich selbst nicht so wichtig. Beziehen Sie Verhaltensweisen nicht auf sich, sondern versuchen Sie zu verstehen, welchen positiven Nutzen der jeweils andere mit seinem Verhalten verfolgt. Adam und Eva wollen sich nicht bekämpfen, sie sind füreinander gemacht. Je besser es uns sowohl privat als auch geschäftlich gelingt, aus dem Feindbild vom anderen Geschlecht auszusteigen, umso erfolgreicher und leichter werden wir damit umgehen können. Suchen Sie daher in den folgenden Situationen immer die positive Absicht des anderen. Begegnen Sie einander mit Respekt, egal wie seltsam Ihnen eine Verhaltensweise vorkommt. Und verlieren Sie bei aller Betrachtung nicht den Humor. Das Zusammenleben von Adam und Eva war sicher auf einen gewissen Spaßfaktor ausgelegt, und zwar nicht nur auf den einen. Haben Sie ein offenes Auge und Ohr dafür und erschließen Sie sich die Themen mit einem Schmunzeln. Wie langweilig wäre eine Welt nur mit Adams oder Evas!

Meine speziellen Tipps für Adam, für Eva oder für beide sind im Folgenden zur einfacheren Orientierung durch diese Piktogramme gekennzeichnet:

 Mein Tipp für Adam

 Mein Tipp für Eva

 Mein Tipp für beide

Grundlegende Verhaltens- und Kommunikationsmuster von Adam und Eva

Zum leichteren Verständnis möchte ich einige Verhaltens- und Kommunikationsmuster von Adam und Eva, denen wir trotz Konditionierung immer wieder begegnen, voranstellen.

Lösungsorientierung vs. Beziehungs-, Prozess- und Problemorientierung

Vereinfacht sind Adams geboren worden, um in der großen weiten Welt zu jagen und damit die Familie zu versorgen. Sie mussten beziehungsweise müssen also Lösungen produzieren, früher in Form von Nahrungsbeschaffung, heute in anderen Varianten. Aber abends zählte immer das Ergebnis, nämlich ob etwas zu essen auf dem Tisch stand oder nicht. Daher denken, handeln und kommunizieren Adams bis heute noch lösungs- und ergebnisorientiert.

Evas sind geboren worden, um die Familie zusammenzuhalten und zu schützen. Konflikte waren dabei wenig förderlich, denn diese brachten die Sippe in die Gefahr von Angriffen. Daher legen sie bis heute viel Wert auf Harmonie und ein konfliktfreies Miteinander. Sie denken und kommunizieren beziehungsorientiert, alle sollen sich wohlfühlen. Vor allem, wenn Probleme auftauchen, nutzt Eva das Reden über die Probleme, um Beziehungen zu festigen, um zu signalisieren, dass man das Thema gemeinsam löst, während Adam sich häufig zum Lösen eines Problems zurückzieht. Ebenso verhält es sich mit Prozessen: Eva thematisiert gern das Wie und nicht das Was. Das Ergebnis ist für sie wichtig, aber ob der Weg dahin, also der Prozess, harmonisch war, ist mindestens genauso wichtig.

Eva, die Konjunktive, lange Sätze und „wir"

Eva verwendet sehr häufig Konjunktive, zum Beispiel „Ich würde ja Folgendes tun" oder „Man könnte es auch so machen". Häufig spricht sie auch nicht von „ich", sondern von „wir". Und sie verwendet sogenannte Disclaimer wie „vielleicht", „eigentlich", „eventuell". Sie entschuldigt oder rechtfertigt sich oft für etwas Gesagtes, zum Beispiel: „Tut mir leid, wenn ich das jetzt mal so direkt sagen muss, aber…" Sie will dadurch konstruktiv wirken, sich nicht in den Vordergrund spielen, denn sie hat ja eine integrative Rolle, sie ist beziehungsorientiert. Oder sie erklärt den gleichen Sachverhalt aus verschiedenen Blickrichtungen. Dadurch werden ihre Ausführungen in vielen Fällen sehr lang. Sie will sichergehen, dass jeder andere sie versteht, und glaubt, dass mehrere Perspektiven die Wahrscheinlichkeit dafür erhöhen. Ihre Prozessorientierung schlägt sich ebenso in längeren Sätzen nieder. Das ist logisch: Ein Ergebnis ist schneller formuliert als ein ganzer Weg. So hört man von ihr Sätze wie: „Wir hatten einige sehr intensive und konstruktive Besprechungen, die uns jedes Mal ein Stück weitergebracht haben." Auf Adam wirkt dieses Kommunikationsverhalten als unentschlossen, wenig zielgerichtet oder als „Sie weiß nicht, was sie will" beziehungsweise „Sie hat das ja gar nicht selbst gemacht, sondern ein ganzes Team". Manchmal klingt es für ihn auch zu sehr nach „Lass uns mal drüber reden". Er fragt sich nicht selten, was jetzt bei der ganzen Sache herausgekommen ist. Weit gefehlt, liebe Adams, sie formuliert nur sehr vorsichtig und bezieht sich auf die Dinge, die ihr wichtig sind. Sie verliert dabei das Ergebnis und die Sachebene nicht aus den Augen, kommuniziert aber auf der Beziehungsebene und in Prozessen. Tief in ihrem Innern weiß sie sehr genau, was sie will, woher das Ergebnis kommt und dass sie selbst die Leistung erbracht hat. Sie erzählt es nur keinem.

 Vermeiden Sie Konjunktive, wenn Sie von etwas überzeugt sind, und machen Sie aus jedem „Wir" ein „Ich", wenn Sie federführend für ein Ergebnis verantwortlich sind. Kommunizieren Sie deutlich, was Sie wünschen beziehungsweise erreicht haben. Sonst ist Adam verunsichert und traut Ihnen möglicherweise auch nicht viel zu. Fassen Sie sich kurz. Wenn Sie einen Sachverhalt aus verschiedenen Perspektiven erklären, geht Ihr wesentlicher Punkt dabei oft unter. Wenn er Sie nicht versteht, wird er schon nachhaken. Und keine Sorge: Dank Ihres eher freundlichen Tonfalls kommen selbst kurze Sätze oder Wünsche nicht schroff an.

Hinterfragen Sie innerlich oder direkt die Konjunktive und „Wirs" der Evas, um zu verstehen, ob sich Unsicherheit oder wirklich eine Teamleistung dahinter verbergen. Eine gute Frage könnte für Sie sein – wohlgemerkt mit einem Augenzwinkern: „Könnte man es so machen oder bist du überzeugt, dass man es so machen soll?" oder „Würdest du es eventuell oder ganz sicher tun?" oder „Wer ist wir?" beziehungsweise „Was genau hast du denn in dem Projekt gemacht?" Und wenn Sie die betreffende Eva genauer kennen, können Sie sich das Aussprechen der Fragen sparen und davon ausgehen, dass ihr im Konjunktiv geäußerter Kommentar ein echter Wunsch oder Lösungsvorschlag ist. Wenn Sie vor lauter Worten die Botschaft nicht verstehen, fragen Sie nach, zum Beispiel so: „Was konkret möchtest du nun von mir?"

Adam, die Konkurrenzsprache und kurze Sätze

Adam verwendet im Gegensatz zur vorsichtigen Eva sehr häufig Behauptungen, eine eher konkurrenzorientierte Sprache. Er kommuniziert Erfolge, seine Leistungen und Stärken. Er spricht fast immer von „ich". Folgende Sätze sind typisch für ihn: „Das Problem ist nur auf diese Art zu lösen" (Behauptung), „Ich halte diese Vorgehensweise für weitaus zielführender als den ersten Lösungsansatz" (konkurrierend und lösungsorientiert und „ich"). Adam ist dafür da, Lösungen zu produzieren, das Mammut zu erlegen, daher formuliert er meist sehr präzise und auf ein festes Ziel gerichtet. Dabei verwendet er wenige Worte und fasst sich sehr kurz. Auf Eva wirkt diese Art des Kommunizierens schroff und emotionslos (eben wenig beziehungsorientiert). Sie fühlt sich dann häufig verletzt und beschuldigt ihn, unnötig Macht zu demonstrieren, aggressiv zu sein und überhaupt keine gute Beziehung herzustellen. Sie hält ihn schnell für gefühllos, desinteressiert und kalt. Und emotionale Kälte kommt für die beziehungsorientierte Eva der Höchststrafe gleich. Viele verlassen ihren „privaten Adam" aus genau diesem Grund: Ihnen ist emotional kalt.

Liebe Evas, er ist nicht emotional kalt, er ist nicht desinteressiert und er ist auch nicht aggressiv. Er ist einfach nur darauf programmiert,

Probleme zu lösen, und da lenken ihn seine Emotionen nur ab. Würde er beim Erlegen des Mammuts in seine Gefühle hineinspüren, würde er womöglich merken, dass er Angst hat oder unsicher ist, ob er trifft. Das Mammut würde es freuen, ihm hilft es wenig. Er ist also extrem fokussiert, daher drückt er Sachverhalte sehr präzise und mit wenigen Worten aus.

 Nehmen Sie Evas auf der Beziehungsebene mit. Machen Sie ihnen klar, dass Sie einen kühlen Kopf in der Sache haben, aber die Beziehung sehr schätzen und diese in Ordnung ist. Formulierungen wie „Wir haben jetzt verschiedene Lösungsansätze sehr intensiv ausgetauscht, ich halte diesen Ansatz für den richtigen" könnten dabei helfen. Mit dem kleinen Satz vorweg zeigen Sie ihr, dass Ihnen der Prozess und das Miteinander auch sehr wichtig waren, trotzdem werfen Sie Ihren Lösungsfokus selbstverständlich nicht über Bord. Selbst wenn Ihnen das jetzt ein wenig zu kuschelig vorkommt, probieren Sie es aus.

 Führen Sie sich vor Augen, dass ihm die Beziehungen und Prozesse nicht egal sind. Er richtet nur seinen Fokus auf eine andere Sache, das heißt aber nicht, dass alles links und rechts davon für ihn nicht da ist. Wenn Ihnen diese Rückversicherung so gar nicht genügen will, können Sie ihm diese sicher auch durch gezielte Fragen entlocken, zum Beispiel in Form von: „Wie hast du den Prozess empfunden?" Aber machen Sie sich darauf gefasst, dass Sie manchem Adam damit zu „esoterisch" oder zu „inquisitorisch" rüberkommen.

Der Effekt der Körpergröße

Evas sind meistens kleiner als Adams und werden allein deshalb häufig unterschätzt. Es passiert unbewusst, aber es passiert eben, dass wir kleine Menschen als weniger kompetent ansehen. Sie haben in unserem Blickfeld weniger Präsenz. Gegen die fehlende Körpergröße helfen bei Eva – im Gegensatz zu Adam, der hier einen echten Nachteil hat – hohe Absätze. Finden Sie Ihren Trumpf zum Auffallen. Ich kenne viele kleine Evas, die mit High Heels, schrillen Haarfarben oder farbigen

Accessoires auf sich aufmerksam machen, ebenso wie ich kleine Adams kenne, die mit Krawatten, bunten Hemden oder Manschettenknöpfen überraschen. Jammern Sie also nicht über fehlende Zentimeter, sondern suchen Sie in Ihren Ressourcen nach Alternativen.

Und da wir eine Gesellschaft sind, die alles, was sich außerhalb der Norm bewegt, mit Vorurteilen belegt, muss Eva auch oft leiden, wenn sie zu groß ist. Viele Adams kommen gar nicht damit klar, wenn sie größer ist als er. Daher empfehle ich allen Evas, die mit viel Körperhöhe ausgestattet sind (ich gehöre definitiv dazu), sich gelegentlich zurückzunehmen. Damit meine ich nicht, mit der eigenen Meinung hinter dem Berg zu halten oder sich überstimmen zu lassen, sondern die rein körperliche Präsenz ab und an zu reduzieren, zum Beispiel durch Meetings mit kleineren Adams im Sitzen statt im Stehen. Der Begriff „auf Augenhöhe kommunizieren" kommt nicht von ungefähr. Aber ziehen Sie bitte niemals den Kopf ein und die Schultern hoch. Das sieht nicht nur unsicher aus, sondern beginnt irgendwann auch schmerzhaft zu sein. Da Körpergröße eher den Adams zugeschrieben wird, ist ein Zuviel davon wohl eher ein Eva-Problem. Sind Sie als Adam hingegen eher klein, nehmen Sie zentrale Plätze in Meetings ein. Stellen Sie sich in die Tür, sodass jeder an Ihnen vorbeimuss.

 Körpergröße ist nicht alles. Weinen Sie nicht über das, was Sie nicht haben oder zu viel haben, sondern suchen Sie in Ihren Ressourcen Alternativen, mit denen Sie Präsenz zeigen können. Sind Sie zu groß, nehmen Sie sich räumlich hier und da etwas zurück. Sind Sie zu klein, schaffen Sie sich andere Aufmerksamkeitsbringer wie Accessoires, Stylings, Kleidung. Jeder hat seine Form der Präsenz.

Der unterschiedliche Umgang mit Fragen

Grundsätzlich bergen Fragen immer die Gefahr, dass sich jemand anders dadurch bloßgestellt fühlt. Dabei sind sie der einzige Weg zum gegenseitigen besseren Verstehen. Aber das Schwert ist zweischneidig und daher sollten wir besonnen damit umgehen, vor allem mit Fragen vor versammelter Mannschaft. Der lösungsorientierte Adam fühlt sich durch Fragen oft regelrecht verhört, denn Fragen bedeuten für ihn *hinter*fragen, und das ist gleichbedeutend mit Zweifeln an seiner Kompetenz. Er meint dann schnell, sich rechtfertigen zu müssen. Sie kennen sicher auch das Klischee, dass er nie nach dem Weg fragt. Er wertet es als Zeichen von Schwäche, fragen zu müssen. Zum Glück wurden irgendwann die Navigationssysteme erfunden. Es gibt viele Situationen, da ist es auch gut, ohne viele Fragen zu agieren, zum Beispiel wenn schnelle Entscheidungen erforderlich sind oder in Notfällen.

Dass Adam eher wenige Fragen stellt, quält viele Evas, die sich durch seine Reaktion und sein häufiges Schweigen oft zurückgewiesen fühlen. Sie fühlen sich nicht wertgeschätzt und ernst genommen, wenn die gewünschten Fragen ausbleiben. Im Gegenteil: Viele Evas formulieren sogar bewusst etwas nebulös, um Fragen zu provozieren, denn Fragen sind in ihrer Welt Interessensbekundungen und zeigen Anteilnahme. Wenn Eva viele Fragen gestellt bekommt, ist ihre Beziehungswelt in Ordnung, es sei denn, sie fühlt sich angezweifelt und hinterfragt. Außerdem erhöhen die Fragen die Qualität der gewonnenen Information, was oft zu besseren Ergebnissen oder Entscheidungen führt und mögliche Problemstellen frühzeitig aufdeckt.

 Lernen Sie, auch mal zu schweigen und sich zu denken, dass bei Adam alles in Ordnung ist. Führen Sie dann lieber den Dialog mit sich selbst und fragen sich, warum denn etwas nicht in Ordnung sein sollte. Wenn Sie sich selbst vertrauen, brauchen Sie seine Bestätigung weniger dringend. Der Nebeneffekt: Er fühlt sich nicht verhört. Erkennen Sie, wann zu viele Fragen eine Situation unnötig strapazieren und einen zu geringen Informationsgewinn bringen. In dem Moment hilft es, die Frage einmal herunterzuschlucken.

 Stellen Sie Evas mehr Fragen, aber bitte Informationsfragen und keine Verhörfragen. Zum einen fühlen sie sich dann wahrgenommen und verstanden, zum anderen können Sie so der im Geschäftskontext oft eher zurückhaltenden Eva mehr wichtige Informationen entlocken. Überlegen Sie, wo ein Mehr an Informationen zu besseren Entscheidungen führen kann, bevor Sie Ihren „Ich-weiß-alles-Modus" anschmeißen.

Das Gehirn von Adam und das Gehirn von Eva

Es gibt bei YouTube ein Video von Mark Gungor, das die wesentlichen Unterschiede des männlichen und weiblichen Gehirns in fünf Minuten erklärt. Ich empfehle allen, dieses Video anzuschauen, da man es treffender und witziger gar nicht beschreiben kann. Kurz zusammengefasst: Adams Gehirn besteht aus Boxen, er hat eine Box für Geld, für Sex, für sein Hobby, für seine Kinder, für seine Frau, für seinen Beruf etc. Alle Boxen sind strikt voneinander getrennt. Daher macht er auch immer eine Sache nach der anderen. Platt gesprochen: Wenn er gerade in der Sex-Box ist, kann er seine Aufmerksamkeit schlecht auf etwas anderes richten als Sex. Er ist entweder … oder. Eva schafft es, beim Sex noch darüber nachzudenken, ob sie sich einen Termin zur Pediküre gemacht hat. Die größte männliche Box ist übrigens die Nothing-Box. Das ist die Box, in die er sich zurückzieht, wenn er nichts macht. Meist erkennt sie an seinem leeren Gesichtsausdruck, dass er sich in der Nothing-Box befindet. Auch im Geschäftsleben taucht Adam gelegentlich in diese Box ab. Eva fühlt sich dann extrem ausgegrenzt.

Evas Gehirn hingegen ist voller kleiner Punkte. Punkte für Sex, für Klamotten, für Familie, für Freunde, für Hobbys etc. Alle Punkte sind untereinander verkabelt. Daher verknüpft sie auch gern mehrere Ereignisse. Alles ist vernetzt, wie ein großer Internet-Highway. Eva ist quasi an allen Punkten gleichzeitig, daher auch multitaskingfähig. Wobei sie zugegebenermaßen manchmal auch nirgendwo richtig anwesend ist, sondern überall ein bisschen. Sie hat pausenlos ein 360°-Radar ausgefahren, um sämtliche Dinge in ihrem Umfeld aufzuschnappen und wahrzunehmen. Damit kommt Adam wiederum gar nicht klar, er würde gern eine Box nach der nächsten „bearbeiten". Dies erklärt auch, warum sie beim Einkaufen dreimal so lange braucht wie er. Sie nimmt links und rechts noch so viele Dinge wahr, die alle begutachtet werden müssen, wohingegen er kauft, was er wollte, und dann die Einkaufs-Box wieder zumacht. Auch beim Reden verknüpft Eva vier verschiedene Punkte (Gedanken) in einem Satz. So denkt Adam nicht. Und das fängt schon in der Kindheit an. Wenn ich meine Söhne (12 und 14) bitte, die Spülmaschine auszuräumen, die Wäsche wegzuräumen und den Müll rauszutragen, kann ich ziemlich sicher sein, dass nur eines erledigt ist, wenn ich beim Delegieren nicht ganz klar getrennt habe, was in welcher Reihenfolge geschehen soll.

 Trennen Sie beim Reden eine Botschaft klar von der anderen, zum Beispiel durch Aufzählungen oder Sprechpausen. Kommunizieren Sie eine Sache thematisch nach der anderen. Es wird Ihnen auch selbst helfen, Ihrem Internet-Highway hier und da Struktur zu geben und diese Struktur in Ihre Kommunikation zu leiten. Und hören Sie auf, darüber nachzugrübeln, warum er nichts sagt. Er ist in der Nothing-Box und es hat nichts mit Ihnen zu tun.

 Seien Sie sich bewusst, dass Sie Eva mit dem Aufenthalt in der Nothing-Box zum Wahnsinn bringen können. Ein kleines Augenzwinkern nach Ihrem Aufenthalt in der Nothing-Box im Sinne von „Da bin ich wieder, musste gerade mal was überdenken" kann Wunder wirken. Nehmen Sie ihre Aneinanderreihung von Informationen mit Humor, zum Beispiel durch „Kannst du das noch mal langsam und der Reihe nach wiederholen, ich bin ein Mann, ich kann nur eines nach dem anderen".

Humor ist bei vielen Kommunikationspannen eine hervorragende Lösung.

Adam und Eva und das Gedankenlesen

Egal ob im Privat- oder im Geschäftsleben: Eva funktioniert über alle Sinneskanäle. Ihr 360°-Radar, um Stimmungen aufzunehmen, ist sehr empfindlich. An vielen Stellen spürt sie vermeintliche Empfindungen auf, von deren Existenz er noch gar nichts wusste. Denn Adams sind eher auf eine Sache fokussiert und kümmern sich um ihre Empfindungen erst, wenn ein anderes „Projekt" abgeschlossen ist. Vor diesem Hintergrund ist es nur verständlich, dass es ihn extrem irritiert, wenn sie seine Gedanken liest. Im privaten Umfeld äußert sich dieses Phänomen so, dass sie für ihn antwortet, wenn seine Antwort auf eine Frage etwas karg ausfällt.

Stellen Sie sich eine Party bei Freunden vor. Jemand fragt Sie, wie Ihr Urlaub war. Seine Antwort: „Gut." Und damit hat es sich. Beziehungs-Eva findet das natürlich zu wenig und denkt, dass ihr Adam gerade die Beziehung zum Fragesteller auf einen Prüfstand stellt. Daher springt sie ein: „Es war himmlisch, das Wetter war fast jeden Tag gut, wir haben sehr viel Sport gemacht und auch die Anlage und die Zimmer waren vom Feinsten. Nur meinem Liebsten sind manchmal die Leute ein wenig auf die Nerven gegangen (Gedanken lesen). Er tut sich ja eh mit ihm nicht bekannten Menschen etwas schwer (Schlag unter die Gürtellinie)." Adam bleibt bei diesen Äußerungen sprachlos, gleichzeitig kriegt er aber einen ziemlichen Hals auf seine Eva, die Geschichten erzählt, zu denen er sich niemals geäußert hat. Eva hat sein Schweigen beim abendlichen Essen im Ferienclub interpretiert und ein Szenario über seine Gedankenwelt gebaut, das sie nun auch noch lauthals verkündet. Liebe Evas, wundern Sie sich nicht, wenn ein solcher Abend mit einem handfesten Streit endet. Woher wollen Sie wissen, was er denkt? Ich habe wie gesagt drei Männer zu Hause: einen großen und zwei kleine, und wir schaffen es nicht selten, eine Autofahrt von zwei bis drei Stunden hinter uns zu bringen, ohne dass jemand einen Ton sagt. Allein meine Frage „Geht es euch allen gut?" kann schon nerven. „Warum sollte es nicht, nur weil wir mal nichts sagen?" Anstatt es zu respektieren, dass Adam gern mal schweigt, sucht Eva auch noch nach einer für sie plausiblen Erklärung und legt sie ihm als Fehlverhalten aus. Schlimmer kann es für ihn kaum noch kommen. Er hat versagt.

Was viele aus dem privaten Bereich sicher kennen, äußert sich in der Geschäftswelt ähnlich, auch wenn Evas im Geschäftsleben mittlerweile gelernt haben, sich ein wenig zurückzunehmen. Dennoch: Evas machen sich viel mehr Gedanken darüber, was in den Köpfen ihrer männlichen Kollegen abläuft, als diese selbst. Für ihn zählen das gesprochene Wort, die Geste, der Handschlag. Sie stellt sich viel mehr Fragen: Was denkt er jetzt, will er das wirklich so, was könnte das für Folgen haben etc. In ihrem Kopf rattert ständig ein Maschinengewehr von Fragen über die Gedanken anderer Menschen. Das kann für Adam sehr befremdlich und teilweise auch für Prozesse sehr lähmend sein.

Denken Sie daran, dass Adam nichts mehr hasst als Situationen, die er nicht kontrollieren kann. Schweigen heißt bei ihm oft: Alles ist in Ordnung, sonst würde er es schon äußern. Vermeiden Sie inquisitorische Fragen und eigene Interpretationen. Wenn Sie sein Schweigen nicht aushalten, äußern Sie Ihre Gedanken zu der Sache, aber eindeutig aus Ihrer Perspektive mit einem klaren „Ich". Wie können Sie als Eva trotzdem etwas über seine Gedankenwelt erfahren? Finden Sie einen Zugang zu ihm, bei dem er sein Heldentum beweisen kann, zum Beispiel indem Sie fragen: „An der einen Stelle im Meeting hast du einen kinoreifen Blick gehabt, da dachte ich, jetzt killt er sie gleich alle. Mich würde echt mal interessieren, was da in dir vorgegangen ist." Dieser Satz ist nicht als direkte Frage formuliert, hat also keinen Verhörcharakter für ihn. Er kann entscheiden, ob er antworten will oder nicht. Gleichzeitig steckt in der Aussage eine Menge Bewunderung, die Wahrscheinlichkeit, dass Sie eine für sich verwertbare Antwort bekommen, ist so größer. Ich weiß, das klingt nervig, aber das ist es für ihn genauso wie für Sie.

Seien Sie sich bewusst, dass Eva Sie nicht bloßstellen will. Da sie mit Schweigen oder knappen Antworten nicht umgehen kann und denkt, die Beziehungsebene sei gestört, kreiert sie Inhalte, um die Beziehungsebene zu „reparieren". Wenn sie meint, Ihre Gedanken lesen zu müssen, liegt es daran, dass Sie ihr Ihre Gedanken oft nicht mitteilen. Sie könnten sich eine Menge Diskussionen ersparen, wenn Sie auch gegenüber weiblichen Kollegen gelegentlich einmal fallen lassen, was Ihnen in welchem Moment durch den Kopf gegangen ist. Evas brauchen diese Informationen, damit sie Bezug zu Ihnen aufbauen können. Für Sie ist das viel einfacher, als sich hinterher mit deren eigener Interpretation auseinanderzusetzen. Und diese erstellt sie ohnehin. Wird es Ihnen wirklich zu bunt, dann weisen Sie Eva in ihre Schranken und sagen ihr freundlich, dass es Ihnen unangenehm ist, wenn sie versucht, Ihre Gedanken zu rekonstruieren. Das Wort „unangenehm" reicht übrigens oft schon.

Definieren von Zugehörigkeit

Zugehörigkeit gehört zu den menschlichen Grundbedürfnissen. Jeder möchte irgendwo dazugehören. Und auch hier unterscheiden sich unsere beiden Protagonisten. Adam definiert Zugehörigkeit eher über seine Leistung im Vergleich, das heißt, wie steht er in der Hierarchie zu anderen, was kann er besser oder, wie viele Evas ironisch behaupten, „größer, schneller, weiter" (seine Konkurrenzorientierung). Dies liegt mit daran, dass Jungen sich von Kindesbeinen an in physischen oder sonstigen Kämpfen in ihren Kräften messen und vergleichen.

Evas hingegen definieren Zugehörigkeit über Gleichheit (ihre Beziehungsorientierung). Von Kindesbeinen an spielen sie soziale und harmonische Gruppenspiele, in denen jeder zu gleichen Teilen zu Wort kommt und jeder einen Beitrag leisten darf. Ziel der Spiele ist kein Gewinnen, sondern lediglich, dass alle Beteiligten sich gut fühlen. Verglichen wird dabei nicht.

Durch diesen Aspekt sind Adams auch ergebnisorientierter und Evas beziehungsorientierter. Er erklärt, warum Männer unweigerlich immer wieder Kräfte messen. Egal ob auf privaten Partys oder im Arbeitsalltag: Er zeigt erst einmal, was er alles hat, um zu sehen, wie er im Vergleich zu anderen dasteht: „Mein Haus – Mein Auto – Mein Boot", wie in dem legendären Werbespot. Das gibt ihm Sicherheit, auf sie wirkt es wie unglaubliche Angeberei. Sie bemüht sich indes sowohl im Privaten als auch im Berufsalltag, vordergründig mit allen nett zu sein und Harmonie herzustellen. Sie will erst einmal dazugehören, sich integrieren. Erst wenn ihr böses Unrecht widerfährt oder sie sich extrem unwohl fühlt, erreicht sie irgendwann den Punkt, dass sie ihren Unmut äußert, aber bis dahin macht sie gute Miene zum bösen Spiel. Adams können das nicht nachvollziehen und empfinden es auch oft als falsch. Bei allem Konkurrenzdenken, Fair Play ist ihnen wichtig. Wenn Eva nach außen so tut, als sei alles okay, kann er nicht nachvollziehen, dass es in ihr ganz anders aussieht.

 Ihr Kräftemessen wirkt auf Eva sehr ermüdend. Seien Sie sich dessen bewusst und reduzieren Sie es, wo Sie können, in ihrer Gegenwart. Es gibt kaum noch Evas, die das beeindruckt, außer der Kleinkind-Eva, wenn Sie die wollen.

Machen Sie nicht einfach gute Miene zum bösen Spiel. Wenn Sie sich irgendwo nicht wohlfühlen oder irgendwo nicht sein wollen, dann artikulieren Sie dies vor allem gegenüber einem männlichen Vorgesetzten. Er wiegt sich sonst unnötig in Sicherheit und Sie quälen sich unnötig.

Unterschiede bei den Sonderformen der Eva

Die oben aufgeführten Situationen beziehen sich alle auf die klassische Eva. Andere Gesetze gelten für die Krawall-Eva und ihre Ambition, ein besserer Mann zu sein. Das ist ein bisschen so, als würde ich mir als Engländer anmaßen, besser Französisch zu sprechen als ein in Paris geborener und aufgewachsener Franzose. Die echte Krawall-Eva versucht bewusst, Adam zu kopieren. Ihre Sprache ist sehr aggressiv, sie zeigt keinerlei Empathie und erscheint fast so, als sei es ihr egal, was andere denken oder fühlen. Sie geht mit keinem Wort auf ihre Mitstreiter ein, bezeichnet sie gern als schwächlich oder inkompetent.

Wenn sie auf Adam trifft, gehen bei ihm die Alarmglocken an. Viele Adams rotten sich sogar zusammen und schmieden Bünde gegen sie. Adams ist es wichtig, ob sie jemandem vertrauen können oder nicht. Krawall-Eva ist nicht authentisch, das fühlt er (ja, liebe Evas, er hat eine Menge Gefühle) und da lässt er die Finger von. Am liebsten würde er sie aus seinem Umfeld eliminieren. Um genau zu sein, eine klassische Eva empfindet Krawall-Eva als höchst befremdlich, würde die Finger von ihr lassen und ihr aus dem Weg gehen. Ein Adam empfindet sie sogar als bedrohlich. Denkbar schlechte Voraussetzungen, um als Eva erfolgreich zu sein. Daher mein Appell an alle Krawall-Evas: Vergessen Sie die Guerilla-Bücher. Um in der Geschäftswelt zu bestehen, müssen Sie sich nicht verhalten wie ein Mann, es hilft nur einfach, wenn Sie Männer besser verstehen, da die Geschäftswelt eben immer noch männerdominiert ist. Aber die Zeichen stehen auf Wandel, und je mehr Evas ins Geschäftsleben eintauchen, umso mehr werden sie der Geschäftswelt ihren Stempel mit aufdrücken und umso mehr werden wir hoffentlich von den Vorteilen und Stärken beider Geschlechter profitieren.

Zu guter Letzt die Kleinkind-Eva. Die Kleinkind-Eva spielt wie eingangs erwähnt oft die Beschützenswerte, sie setzt sexuelle Reize ein oder sie bricht auch gern mal berechnend in Tränen aus. Sie appelliert damit an männliche Instinkte, die in der Geschäftswelt für Adam keinen Platz haben. Er ist Profi genug, das zu trennen. Selbst wenn er sich am Arbeitsplatz verliebt oder eine heiße Affäre hat, im Arbeitsalltag kann er das aufgrund der Box-Struktur seines Gehirns oft viel strikter trennen als sie. Wenn eine Frau extrem emotional wird, vielleicht sogar weint, dann ist er oft irritiert. Dieses Phänomen gehört in seine Partnerschaftsbox, aber nicht in seine Arbeitsplatzbox. Was würde er in der Partnerschaftsbox tun? Er würde die emotionale Eva retten und beschützen wollen oder die sexuell reizvolle Eva begehren, aber in die Arbeitsplatzbox passt das nicht. Daher schiebt er die Kleinkind-Eva am Arbeitsplatz entweder in die „Kann-ich-nicht-mit-umgehen-Box" und da kann sie verschimmeln, oder er nimmt sie gleich in seine Partnerschafts- oder Affärenbox, aber von der gibt es keine Verbindung zur Arbeitsplatzbox. Es ist für Kleinkind-Eva also in jedem Fall eine Sackgasse. Beruflich wird sie nie ernst genommen werden.

 Überlegen Sie sich, welche Strategie Sie verfolgen. Wollen Sie Adam bezirzen oder beruflich erfolgreich sein? Langfristig funktioniert beides nicht nebeneinander. Wahre Kompetenz wird er Ihnen aufgrund seines Box-Denkens nicht so schnell zuschreiben. Konzentrieren Sie sich also lieber auf Ihre weiblichen Stärken und Kompetenzen im geschäftlichen Sinne.

 Eine Kleinkind-Eva darf man auch ruhig mal fragen, was sie mit ihrem Verhalten bezweckt, und sie darauf hinweisen, dass sie möglicherweise ihr Ziel auf diese Art nicht erreicht. Werfen Sie noch einen wohlwollenden Blick hinter die Kulissen, ob sie nicht vielleicht doch im geschäftlichen Sinne Kompetenzen hat, bevor Sie sie in eine Box stecken. Manchmal ist sie vielleicht einfach nur auf dem Holzweg und für ein ehrliches Feedback dankbar.

Teil 2

Das Verhalten
von Adam und Eva,
illustriert
an 40 typischen
Geschäftssituationen

Dauerschauplatz Meetings

Meetings sind das häufigste Zusammentreffen von Adam und Eva im Geschäftsleben beziehungsweise die Form, in der sich viele Dinge manifestieren, die sehr vielschichtig sind. Dies gilt für Meetings in der Firma genauso wie für externe Kunden-Meetings.

Situation 1
Hingehen, sich platzieren und positionieren

Wenn ich in meinen Seminaren eine gleiche Anzahl von Adams und Evas bitte, ein Kick-off-Meeting (Auftaktmeeting) für ein neues Projekt zu spielen, gibt es einige Szenen, die sich häufig wiederholen. Hier spielt vor allem die Definition von Zugehörigkeit über Vergleich oder über Gleichheit eine Rolle. Ein Meeting im Unternehmen ist die perfekte Bühne für unsere beiden Protagonisten, diese tief sitzenden Verhaltensmuster auszuleben. Außerdem haben Meetings neben der inhaltlichen Komponente auch eine weitere Dimension. Für ihn ist es eine Bühne zum Kräftemessen, zum Präsentieren seiner Lösungen (ergebnis- und lösungsorientiert). Für sie kommt noch hinzu, dass sie Beziehungen pflegen will und Prozesse optimieren möchte (prozess- und beziehungsorientiert). Logischerweise wissen alle Adams und Evas, warum sie im Meeting sitzen und was dabei herauskommen soll (das unterstelle ich zumindest jetzt einmal voller Optimismus), aber sie bauen jeweils ihren Nebenkriegsschauplatz auf, der dann schnell zu Missverständnissen und extrem unfokussierten Meetings führt.

Viele Evas unterschätzen die Bedeutung von Meetings. Da sie sehr durchorganisiert sind und ihre Beziehungen links und rechts des Weges im Alltag pflegen, brauchen sie persönliche Meetings nicht zwangsweise zur Kontaktpflege. Sie halten den dortigen Schlagabtausch für eine reine Zeitverschwendung und finden oft, dass man das alles effizienter lösen kann. Aber es geht eben auch darum, gesehen zu werden, sich zu verkaufen. Das kann Adam wiederum sehr gut. So gut, dass er manche Idee schon vor dem Meeting verkauft und sich Verbündete gesucht hat, die ihn unterstützen, sodass er als Held daraus hervorgeht. Liebe Evas, hier können Sie eine Menge lernen, was Selbstmarketing angeht. Die Sichtbarkeit in Meetings und das vorherige Einfangen der wesentlichen Teilnehmer und Stakeholder sind ein großer Erfolgsfaktor, um Dinge zum Ziel zu bringen und sich selbst in Szene zu setzen. Dieses Inszenesetzen mögen viele Evas nicht, denn es stellt ein Ungleichgewicht in den Beziehungen her. Es passiert immer noch oft, dass sie zu Meetings einfach nicht hingehen, wenn sie inhaltlich keine Bedeutung darin sehen.

Wenn sie sich dann doch entschließen, an einem Meeting teilzunehmen, wählen sie oft nicht die Plätze im Raum, die ihrer Funktion beziehungsweise Hierarchie gerecht würden, sondern eher Plätze am Rand. Ihm würde das nicht passieren, denn er weiß, wo er qua Funktion und Hierarchie zu sitzen hat. Und, liebe Damen, da führt auch kein Weg dran vorbei: Wer sich abseits setzt, sitzt abseits.

Bleiben Sie Meetings nicht fern, sondern nutzen Sie sie so aktiv wie Adam, um sich und Ihre Ideen zu positionieren. Holen Sie sich bereits vor dem Meeting wenn nötig Verbündete ins Boot, die Sie unterstützen. So erhöhen Sie Ihre Chance, ein gutes Bild abzugeben. Es ist wichtig, auch wenn es in Ihrer Welt keine Rolle spielt. Und setzen Sie sich Ihrer Hierarchie beziehungsweise Funktion entsprechend hin. Schauen Sie, wo mit Ihnen gleichrangige Adams sitzen, daran können Sie sich meist orientieren.

Wenn Sie in Ihrem Team Evas haben, dann achten Sie darauf, dass diese den Meetings nicht fernbleiben, und geben Sie ihnen danach Feedback, wie sie sich noch besser hätten positionieren können. Weisen Sie ihnen, wenn nötig, einen Platz im Raum zu, falls sie sich ins Abseits stehlen wollen. Evas unterschätzen oft die Bedeutung räumlicher Präsenz. Erklären Sie ihnen deshalb aus der Adam-Perspektive, warum das Meeting und der Sitzplatz in dem speziellen Fall wichtig sind. Möglicherweise hinterfragen Sie aber vor diesem Hintergrund auch kritisch die Sinnhaftigkeit einiger Meetings. Wenn sie kein inhaltliches

Ergebnis mehr produzieren, sondern zum Show-Off mutieren, haben Sie nicht nur die Evas in Ihrer Organisation vergrault, sondern sicher auch Ihre eigene Zeit verschwendet. Positionieren und Gesehenwerden sollten nicht zum Hauptzweck der Veranstaltung werden.

Situation 2
Die Stärken von Adam und Eva in Meetings

Wenn meine Teilnehmer eine Meeting-Situation weiterspielen, läuft das typischerweise so ab: Viele Adams definieren erst einmal das Ziel, wobei dies zugegeben nicht immer der Fall ist. Was aber immer passiert, ist, dass sämtliche Adams ihre Vorschläge zur Zielerreichung und Ideen positionieren. Die meisten Evas (außer der Krawall-Eva) hüllen sich in Schweigen und fragen irgendwann, ob man nicht zunächst eine Vorstellungsrunde oder einen Prozess festlegen könnte. Selbstverständlich stellt sich früher oder später auch ein konstruktiver Meeting-Verlauf ein, oft aber erst wenn ich zur Uhr greife und Zeitdruck erzeuge. Dann besinnen sich beide Geschlechter dessen, was sie gerade tun, und kommen zum Inhalt. Da die meisten Meetings in der Geschäftswelt dummerweise auf zwei Stunden angesetzt werden (und inhaltlich auch in 30 Minuten erledigt werden könnten), haben wir also 90 Minuten Zeit, in internen oder Kunden-Meetings unsere Nebenkriegsschauplätze zu bearbeiten. Wie können wir jetzt die Stärken von Adam und Eva nutzen? Dazu ist es wichtig, zu verstehen, wer typischerweise welche Rolle einnimmt.

Evas sind aufgrund ihrer Beziehungsorientierung sehr gut im Rapportherstellen. Ja, es ist ihnen wichtig, erst einmal zu wissen, wer überhaupt alles im Raum ist, und ein wenig über die Teilnehmer zu erfahren. Aufgrund ihres 360°-Radars spüren sie sehr schnell, ob das Meeting in eine gute Richtung läuft oder nicht. Und wegen ihrer hohen Prozessorientierung (denken Sie an das weibliche Gehirn, in dem alles vernetzt ist) hinterfragen sie auch ihnen unsinnig erscheinende Vorgehensweisen. Allerdings nützen alle diese Fähigkeiten nichts, wenn Evas sich mit diesen oder auch mit inhaltlichen Themen nicht zu Wort melden. Und oft tun sie dies über lange Strecken nicht. Warum? Dazu beleuchten wir zunächst einmal die Rolle von Adam.

Sobald der ziel- und lösungsorientierte Adam das gewünschte Ergebnis vor Augen hat, begibt er sich in die Vogelperspektive und fokussiert seinen Blick auf die Lösung. Dadurch bleiben Meetings zielgerichtet. Wenn Meetings sich in Details verlieren, ist es meist er, der unermüdlich erneut das Ziel in den Fokus stellt. Allerdings kommt bei ihm der Faktor der Konkurrenzorientierung hinzu. Er möchte Lösungen produzieren und nebenbei auch noch besser dastehen als andere Adams. So kommt es in vielen Meetings zu einem Schlagabtausch zwischen Adams über die beste Lösung. An dieser Stelle steigt Eva aus, denn für sie stört dieser Schlagabtausch die Beziehungen und die Harmonie. Sie zieht sich zurück. Das Meeting läuft nur noch unter Adams weiter. So geht es zumindest der klassischen Eva, vor allem wenn der Ton in ihren Ohren etwas rauer wird.

Krawall-Eva hingegen mischt eifrig mit, aggressiv im Ton und andere unterbrechend hat sie schnell sämtliche Adams gegen sich. Gegenüber anderen Evas verhält sie sich noch rebellischer, denn sie sieht in anderen Frauen eine noch größere Bedrohung als in jedem Mann. Dies liegt sicher darin begründet, dass sie selbst oft genug Zweifel hegt, ob ihr Verhalten wirklich so zielführend ist und ob klassische Evas vielleicht doch die besseren Verhaltensweisen haben. Wie schade ist das, es sitzt so viel Potenzial im Raum, jeder könnte seine Rolle perfekt ausüben, wenn man ihm oder ihr nur den Platz einräumen würde.

Die Ziel- und Konkurrenzorientierung von Adam ist wichtig, um das Meetingziel zu erreichen. Und Evas Beziehungs- und Prozessorientierung ist genauso wichtig, um ein Miteinander und einen stringenten Ablauf herzustellen. Doch statt diese Fähigkeiten an der richtigen Stelle einzusetzen, beginnen sich Adam und Eva im Meeting zu bekämpfen oder der eine resigniert vor dem anderen. Er nutzt das Meeting plötzlich nur noch zum Show-off und Selbstdarstellen, übernimmt gern alle Aufgaben mit Sichtbarkeit wie das Meeting führen, Punkte zusammenfassen und moderieren, wohingegen sie sich mit den Aufgaben begnügt, die der Allgemeinheit dienen, wie zum Beispiel Protokoll führen oder Getränke verteilen. Dies ist sicher überspitzt formuliert, aber achten Sie mal beim nächsten Meeting darauf, ob Sie gerade eine typische Adam- oder eine typische Eva-Rolle ausüben und sich möglicherweise darauf beschränken (lassen).

Jetzt fragen Sie sich bestimmt, was fange ich jetzt mit diesem Wissen an? Davon werden meine Meetings auch nicht besser. Nun, was halten Sie davon, wenn Sie sich in Zukunft mit diesem Bewusstsein über Verhaltensweisen die Bälle mehr zuspielen?

So könnte ein Meeting in Zukunft ablaufen:

Wichtig für Eva: Beginnen Sie jedes Meeting mit einer Vorstellungs- oder Aufwärmrunde. So können sich neue Teilnehmer vorstellen oder jeder kann mit einem Satz ein Update geben, seinen Kenntnisstand zum Projekt kurz skizzieren oder einfach nur schildern, was er bisher bei dem Projekt am besten gelungen fand. Sie können die Themen für die Vorstellungsbeziehungsweise Einführungsrunde variieren. Liebe Adams, dieser Schritt ist für Evas immens wichtig, empfinden Sie ihn nicht als albern, sondern als Sport, und Sie werden sehen, dass sich die Evas gleich viel wohler fühlen. Sie können ja gern inhaltlich mitbestimmen, welche Informationen hier ausgetauscht werden.

Wichtig für Adam: Thematisieren Sie im zweiten Schritt deutlich das Ziel. Mit welchem Ergebnis wollen wir aus dem Meeting gehen? Liebe Evas, hier profitieren Sie von der absoluten Stärke der Adams, ein klares Bild vom gewünschten Ergebnis zu schaffen. Empfinden Sie dies nicht als Bedrohung oder als schroff, sondern als fröhliches Ziel, auf das Sie nun als Meetingteilnehmer gemeinsam zusteuern.

Wichtig für beide: Helfen Sie sich im Laufe des Meetings gegenseitig. Das bedeutet für Adam: Erkennen Sie an, dass Eva prozess- und problemorientierter ist. Akzeptieren Sie, dass sie den Prozess des Meetings hinterfragt. Gern sieht sie auch herannahende Probleme, sie ist oft mehr auf Probleme fokussiert als auf Lösungen. Überlegen Sie sich, ob sie hier möglicherweise recht hat, bevor Sie sie als hysterisch abstempeln oder womöglich noch ignorieren (das wäre für sie die Höchststrafe). Stellen Sie sich auch kritisch die Frage, ob Sie wirklich noch am Meeting-Ziel arbeiten oder das Meeting zu einem Show-off mutiert ist. Das erkennen Sie oft daran, dass Eva sehr still und Krawall-Eva besonders rebellisch wird. Helfen Sie der klassischen Eva außerdem aus ihrer Schweigefalle, indem Sie sie bewusst nach ihrer Meinung fragen, wenn sie sich nicht von selbst zu Wort meldet. Seien Sie aber konkret mit Ihrer Frage, damit sie nicht in die Welt der Prozesse und Beziehungen abdriftet. Die Frage „Und was meinen Sie?" ist zu allgemein. Fragen Sie stattdessen: „Was ist Ihre Meinung, Eva, welcher Weg uns am ehesten zu dem Ziel bringt?" Und hüten Sie sich davor, unliebsame Aufgaben wie Protokolle, Getränkedienste etc. ausschließlich in die Hände der Evas zu legen. Nutzen Sie lieber deren Potenzial.

Für Eva bedeutet das gegenseitige Helfen: Liebe Evas, akzeptieren Sie Adams Lösungsorientierung und fokussieren Sie sich auch auf das Ergebnis. Überlegen Sie kritisch, ob jedes zusätzliche Problem, das Sie aufbringen, oder jeder zusätzliche Gedanke zum Prozess jetzt wirklich der Lösung dienlich ist oder ob es einfach nur nett wäre, wenn alles noch etwas harmonischer oder perfekter liefe. Akzeptieren Sie auch sein Konkurrenzverhalten, ein gewisser Schlagabtausch ist für ihn ein wichtiges Spiel, verderben Sie es ihm nicht und hauen Sie vor allem nicht dazwischen. Zeigen Sie Vertrauen in seine Fähigkeiten und Kompetenzen, greifen Sie mit Ihrer Prozessorientierung seinen Punkt auf mit Sätzen wie: „Sie haben da sehr wichtige Argumente gebracht, wenn wir die jetzt mal zusammennehmen und weiterentwickeln, dann sollten wir jetzt xyz machen." So kann er sein Gesicht wahren und Sie kommen vorwärts. Fordern Sie ihn aber auch heraus, wenn er zu visionär und vage ist, wenn Sie finden, dass etwas nicht oder schwer umsetzbar ist. Aber immer wertschätzend im Sinne von: „Das ist ein wichtiges Ziel und wir sind uns einig, dass wir dies erreichen wollen. Glauben wir denn, dass die Schritte A, B und C genügen, oder fehlt noch etwas?" oder: „Wollen wir, bevor wir in diese vielversprechende Richtung weitergehen, einmal kurz prüfen, ob wir nichts übersehen haben, was dem entgegensteht?" Aber wie gesagt, nur bei ernsthaften

Zweifeln. Und wehren Sie unliebsame Aufgaben ab wie Kaffee holen oder Protokoll führen, wenn Sie den Eindruck haben, Sie werden ausgenutzt. Aber bitte nicht mit einem Zicken-Nein, sondern indem Sie Spielregeln etablieren. Adams lieben Spielregeln. Sie könnten zum Beispiel sagen: „Ich finde, es ist einfacher, wenn sich jeder selbst eben ein Getränk holt", oder: „Ich kann gern das Protokoll übernehmen, wir sollten aber sicherstellen, dass wir reihum Protokoll schreiben, damit jeder mal dran ist. Dann wären beim nächsten Mal Sie dran, lieber Adam, okay?"

 Evas haben einen Verschönerungstick und optimieren gern Prozesse oder sehen Probleme. Hören Sie gut zu und stellen Sie sich kritisch infrage. Bekommen Sie keine Angst vor der emotionalen Sprache der Eva. Sie hat manchmal in Ihren Augen einen Hang zur Drama-Queen, nehmen Sie ihre Bedenken auf, steigen Sie für ein paar Sekunden aus Ihrem Lösungsmodus aus und fragen Sie sich kurz, ob Eva einen validen Punkt haben könnte.

 Wenn Adam von seinen Lösungsvorschlägen und Heldentaten berichtet, suchen Sie für sich das heraus, was Sie inhaltlich gut finden, und entwickeln Sie es weiter. Nehmen Sie ihm seine nüchterne Sprache nicht übel, sie gehört zum Lösungsmodus. Stellen Sie sich vor, er würde sagen: „Ich fühle, dass wir einer Lösung der Fragestellung ganz nah sind." Dann würden Sie sich doch fragen, ob er noch ganz bei Trost ist. Es hat nichts mit Ihnen zu tun, wenn seine Kommunikation bisweilen schroff wirkt, sie ist einfach nur zielorientiert. Nutzen Sie Ihre Stärke im Prozessdenken und sorgen Sie dafür, dass vereinbarte Regeln eingehalten werden und das Meeting vorangeht, statt zu stagnieren. Etablieren Sie beispielsweise immer wieder ein gemeinsames Verständnis der Sachlage.

Auch wenn wir uns geschlechterkulturell in Meetings schon sehr angenähert und gut konditioniert haben, so tauchen diese Verhaltensweisen immer wieder unterschwellig auf. Gehen Sie einen Schritt aufeinander zu sowohl im gegenseitigen Verstehen als auch im konsequenten Abstellen von Verhaltensweisen, die das andere Geschlecht schnell zur Weißglut bringen. Werten Sie das Verhalten des anderen Geschlechts nicht, wissen Sie um die positive Absicht hinter „Gockelgehabe" und „Drama-Queen" und stellen Sie sich darauf ein. Beobachten Sie die Reaktion des anderen und finden Sie Schritt für Schritt den Weg zu besseren, effektiveren Meetings.

Situation 3
Der Redeanteil und das Redeverhalten in Meetings

Evas haben pro Tag circa 10 000 Worte zu vergeben, Adams 4000. Zählt man noch Gestik und Mimik und sämtliche nonverbale Kommunikation dazu, senden Evas pro Tag sogar 21 000 Signale, Adams 7000 Signale. Stellen Sie sich einmal vor, dass zwei Ausländer eine Sprache lernen und einer kennt dreimal so viele Vokabeln und kann demnach dreimal mehr Dinge zum Ausdruck bringen. An und für sich ist da schon der erste Konflikt vorprogrammiert. Aber es wird noch komplexer. Während Evas zu Hause oft nonstop kommunizieren, hüllen sie sich in Geschäftssituationen, zumindest in größeren Meetings oder sehr formellen Situationen, oft in Schweigen oder sie kommunizieren nonverbal (zum Beispiel mit Augenrollen oder Blicken). Wenn man den oben aufgeführten Zahlen glaubt, verfügt er über 3000 nonverbale Signale, sie über 11 000 nonverbale Signale. Das ist fast viermal so viel.

Was passiert also jetzt in Meetings? Die sonst eher wortkargen Adams jagen in Meetings ihre zu vergebenden Kommunikationssignale raus, in erster Linie in Form von Worten. Sie nehmen sich ihre sogenannte Air-Time, ihren Redeanteil, das ist wichtig zur Abgrenzung gegen die Konkurrenz. Vor allem zu Beginn eines Meetings versuchen sie über das Platzieren von Behauptungen und Meinungen eine Hierarchie auszuloten. Sie wollen sich positionieren. Danach wiederholen sie bereits Gesagtes oft mehrfach. Auf viele Evas wirkt dieses Verhalten machtbesessen, denn sie denken, was einmal gesagt ist, ist gesagt, das muss ich nicht stundenlang ausführen, geschweige denn wiederholen. So denkt er aber nicht. Er wiederholt schon einmal Gesagtes, um eine Aussage zu verstärken. Und in der allgemeinen Informationsflut, in der es schwerfällt, Wichtiges von Unwichtigem zu unterscheiden, kann sein Verhalten sehr sinnvoll sein. Es hilft, das Meeting auf die wesentlichen Punkte zu fokussieren. Manche Evas reden auch bewusst wenig, weil sie gefragt werden möchten. Sie möchten in ihren Gedanken erforscht werden und genießen dieses Gefühl von Interesse an ihrer Person. Im Umgang mit Adams im Geschäftsleben ist dies jedoch ein Trugschluss. Zum einen spielt er dieses Erforscherspiel schon oft genug mit seiner Partnerin zu Hause, zum anderen findet er, dass im Business die Fakten auf den Tisch gehören, ohne danach bohren zu müssen. Außerdem interessiert er sich in erster Linie für die Sache und nicht wie von ihr oft gewünscht für die Person.

Besonders aggressiv wirkt auf Eva das Unterbrechen. Sie redet häufig erst, wenn eine Sprechpause entsteht. Als beziehungsorientierte Person möchte sie nämlich niemandem auf den Schlips treten.

 Überlegen Sie sich, welche Aussagen Ihnen inhaltlich wichtig sind, und wiederholen Sie diese auch gern einmal, damit Sie gesehen werden und Ihren Argumenten Nachdruck verleihen. Denken Sie nicht, dass Ihre Meinung möglicherweise zu banal ist oder bereits geäußert wurde. Lassen Sie sich nicht erst bitten. Letzteres bringt Ihnen nicht die gewünschte Aufmerksamkeit, sondern lässt Sie inkompetent wirken. Sagen Sie, was Sie zu sagen haben und sagen Sie es früh. Bauen Sie auch gern auf einem Beitrag von Adam auf. Das gibt ihm Bestätigung und lässt ihn gut dastehen. Die Wahrscheinlichkeit ist groß, dass er dann sein Wiederholen von Aussagen einstellt. Wenn Sie das Gefühl haben, Sie kommen nicht durch, dann nehmen Sie sich das Recht heraus, auch einmal ins Wort zu fallen oder durch nonverbale Sprache, zum Beispiel nach vorn lehnen oder aufstehen, zu signalisieren, dass Sie etwas sagen wollen. Es ist nicht unhöflich, es ist nur ein Anpassen an offensichtlich eingeschliffene Regeln (und durch ein Anpassen an Regeln stellen Sie auch eine Beziehungsebene her). Ganz im Gegenteil: Durch Schweigen grenzen Sie sich aus, und Sie wollen ja dazugehören.

Bedenken Sie, dass Evas Ihre Meeting-Kommunikation als unangenehm machtbesessen und gockelhaft einstufen könnten, vor allem Ihren Schlagabtausch zu Beginn eines Meetings. Meine Empfehlung ist, nur wirklich wichtige Aussagen zu wiederholen, aber auch die Evas in ihrer Reaktion ein wenig zu beobachten. Hüllt sich eine von ihnen komplett in Schweigen, ist das oft kein Zeichen von Inkompetenz, sie hält möglicherweise nur ihren Kommentar für überflüssig, weil alles, was sie denkt, ja bereits gesagt wurde. Und manchmal möchte sie nur in ihren Gedanken erforscht werden. Auch sollten Sie bedenken, dass Evas oft über eine sehr hohe Empathie verfügen und Meisterinnen darin sind, Stimmungen aufzufangen. Sie haben dann die Antennen auf Empfang geschaltet und sortieren schweigend die Eindrücke. Ich ermuntere Sie, Redepausen entstehen zu lassen, damit die Evas das Wort ergreifen, oder sie explizit nach ihrer Meinung und ihrem Eindruck zu fragen. Oft gibt dies Ihrer Zusammenkunft auch eine neue Wende, da sich neue Mehrheiten auftun oder stockende Prozesse wieder in ein zielführendes Fahrwasser kommen. Wenn eine Eva zum Beispiel daraufhin ihre volle Zustimmung äußert, haben Sie auch gleich wieder Rückenwind für Ihre Idee. Wenn sie sagt, dass sie es sinnvoller findet, einen Tagesordnungspunkt vorzuziehen, weil eh schon alle darüber diskutieren, haben Sie genauso viel davon, denn es geht vorwärts Ihrem Ziel entgegen. Bedenken Sie, dass Ins-Wort-Fallen nicht in Evas Weltbild passt und als Angriff empfunden wird. Vermeiden Sie daher jede Form des Unterbrechens.

Wenn hier jeder ein wenig über seinen eigenen Schatten springt, können Sie sich wunderbar aufeinander zubewegen. Denn sonst geht er aus dem Meeting und sagt: „Eva hatte keine Meinung", und sie geht aus dem Meeting und sagt: „Adam hat mal wieder gegockelt." Und damit ist weder das Meeting-Ziel erreicht noch die Wertschätzung füreinander gewachsen.

 Am unverfänglichsten und verbindlichsten ist das Festlegen von Meeting-Regeln zu Beginn eines Meetings. Dort können Sie zum Beispiel Redezeiten begrenzen (um Vielredner zu bremsen und Gar-nicht-Redner zu Wort kommen zu lassen), das Unterbrechen verbieten, Redereihenfolgen festlegen, die Form der Wortmeldung definieren (zum Beispiel per Handzeichen bei größeren Runden) etc.

Situation 4
„Ideenklau"?

Ganz kritisch wird Evas Schweigen übrigens, wenn sie sich ungerecht behandelt fühlt, und das passiert spätestens dann, wenn Sie als Adam eine Idee, die sie vorher bereits geäußert hat, aufgreifen. Stellen Sie sich folgende Situation vor: Es ist ein gröberer Fehler passiert, der Sie Umsatz gekostet hat.

> Eva: *(zu Beginn eines Meetings, sicher eher zum falschen Zeitpunkt)* Ich glaube, dass der Fehler an der Schnittstelle zwischen Einkauf und Logistik liegt.
> *Adams sind noch mit dem Schlagabtausch beschäftigt, es fallen einige typische Hackordnungssätze. Nach längeren Diskussionen kommt man zum Agendapunkt „Ursachenforschung".*
> Adam 1: *(wohlwissend, dass das Thema jetzt genau hier hingehört)* Der Fehler liegt eindeutig an der Schnittstelle zwischen Einkauf und Logistik.
> Adam 2: Ja genau.
> Adam 3: Ja, das glaube ich auch.
> Adam 4: *(nickt)*
> *Eva ist sprachlos, sie könnte Adam auf der Stelle umbringen, ihr fällt die Kinnlade runter. Sie verfällt in ein beleidigtes, resigniertes Schweigen, sagt nichts mehr für den Rest des Meetings.*

Für Eva stellt diese Situation einen puren Ideenklau dar. Sie spart sich ihre Worte, um nach dem Meeting unter Kolleginnen oder Freundinnen oder abends zu Hause ihren kompletten Frust über diese Situation

rauszulassen. Das Potenzial der Eva wird in diesem Meeting brachlie-
gen, dabei hätte sie sicher noch eine Menge weiterer Lösungsvorschläge
gehabt. Die Beziehung zu Adam 1 dürfte nachhaltig gestört sein, denn
Eva ist nicht besonders gut im Verzeihen. Sie wird außerdem durch den
Flurfunk dafür sorgen, dass auch noch andere Evas Adam 1 doof finden. Dabei hat Adam 1 es wahrscheinlich noch nicht einmal bemerkt,
dass er ihr auf die Füße getreten ist. Er war nur noch in der „Schlag-
abtausch-Box", während sie schon in der „Ursachenforschungs-Box"
oder genauer gesagt beim Agendapunkt „Ursachenforschung" war. Sie
hat ja keine Boxen und springt dadurch schneller von A nach B.

 Achten Sie darauf, was bereits gesagt wurde, egal in welcher
Phase des Meetings, und bauen Sie Ihre Äußerungen auf dem
Gesagten auf. Sie können sich auch über das Weiterentwickeln
von Ideen positionieren und müssen diese nicht komplett zu
ihrer eigenen machen. Sie könnten sich also auf das beziehen,
was Eva gesagt hat, und deren Ausführungen konkretisieren
oder verstärken.

 Möglicherweise hat er Ihren Beitrag gar nicht wahrgenommen,
weil Sie ihn nicht mit genug Nachdruck geäußert haben, ihn
zum Beispiel nicht wiederholt haben oder weil Sie ihn zu Beginn
des Meetings geäußert haben, als er noch mit dem Schlagabtausch beschäftigt war. Ein beleidigtes „Das habe ich doch schon
vor 15 Minuten gesagt" führt nur zu böser Stimmung, denn
damit stellen Sie ihn bloß. Vermeiden Sie, dass dieser „Ideenklau" entsteht, indem Sie Ihre Meinung an der richtigen Stelle
oder zumindest mit ausreichend Nachdruck (zum Beispiel
durch frühzeitiges Wiederholen an der richtigen Stelle) vertre-
ten, dann wird sie auch nicht übersehen. Besonders souverän
sind Sie, wenn Sie die Sache einfach übergehen und stattdessen
einen Weg vorschlagen, wie Sie ihn jetzt wieder unterstützen
könnten. Dies erfordert etwas Übung und eine immense Größe.
Vielleicht motiviert es Sie, wenn ich Ihnen sage, dass es der Beziehung zu ihm guttun wird und dass Sie sich im Stillen für Ihre
Genialität feiern können.

Die vorher genannte Situation könnte sich mit diesem neu gewonnenen Verhaltensrepertoire wie folgt darstellen. Schauen wir uns zunächst an, wie es aussieht, wenn Adam sein Verhalten ändert:

> Eva: *(zu Beginn eines Meetings)* Ich glaube, dass der Fehler an der Schnittstelle zwischen Einkauf und Logistik liegt.
> *Adams sind noch mit dem Schlagabtausch beschäftigt, es fallen einige typische Hackordnungssätze. Nach längeren Diskussionen kommt man zum Agendapunkt „Ursachenforschung".*
> Adam 1: *(wohlwissend, dass das Thema jetzt genau hier hingehört, und sich erinnernd, dass Eva ihn vorher bereits genannt hat)* Um noch einmal darauf zurückzukommen, was Eva eben sagte, ich glaube nicht nur, dass der Fehler an der Schnittstelle zwischen Einkauf und Logistik liegt, ich bin sogar überzeugt davon, dass er hier liegt, und zwar in der Datenübertragung.
> Adam 2: Ja genau.
> Adam 3: Ja, das glaube ich auch.
> Adam 4: *(nickt)*
> Eva: Ja, das ist ein guter Hinweis, dann sollten wir doch unser Augenmerk nun genau darauf richten, was in der Datenübertragung schiefgelaufen ist.
> *Eva fühlt sich wertgeschätzt und anerkannt. Ihr Prozessdenken treibt nun das Meeting voran. Sie ist willens, weitere Lösungen zu produzieren.*

Adam hat klar gezeigt, dass die Idee von Eva kam, und ihr somit die für sie wichtige Anerkennung und Wertschätzung entgegengebracht. Er hat dann eine Konkretisierung eingebaut, nämlich „die Datenübertragung", und die Vermutung zu einer Überzeugung verstärkt. Und auch das tut ihr gut, dass ihre Vermutung Nachdruck bekommt. Sie ist nun bereit zu kooperieren und er kann gesichtswahrend aus der Situation hervorgehen, weil er dem Thema seinen eigenen Fingerabdruck in Form der Konkretisierung aufgedrückt hat.

Schauen wir uns an, wie Eva ihr neues Verhaltensrepertoire zum Einsatz bringen kann. Sie hat mehrere Möglichkeiten, zu agieren. Die

einfachste ist, ihren Hinweis zu bringen, wenn er dran ist. Und das bedeutet, ihn nicht im Schlagabtausch zu bringen, sondern unter dem
passenden Tagesordnungspunkt. Damit wäre der Konflikt sicher gar
nicht erst so eskaliert. Die zweite Möglichkeit wäre, den Gedanken
noch einmal mit Nachdruck zu wiederholen, und zwar an der richtigen
Stelle. Das sähe dann wie folgt aus:

> Eva: *(zu Beginn eines Meetings)* Ich glaube, dass der Fehler an
> der Schnittstelle zwischen Einkauf und Logistik liegt.
> *Adams sind noch mit dem Schlagabtausch beschäftigt, es fallen*
> *einige typische Hackordnungssätze. Nach längeren Diskussionen*
> *kommt man zum Agendapunkt „Ursachenforschung".*
> Adam 1: Der Fehler liegt eindeutig an der Schnittstelle zwi
> schen Einkauf und Logistik.
> Eva: Ja, ganz genau, das sehe ich wie eben erwähnt auch so.
> *Beiläufig, aber auch frühzeitig, vor allen anderen Adams, wie*
> *derholt sie ihre Meinung und streut ein, dass sie es erwähnt hat,*
> *aber nicht als Frontalangriff; sehr subtil wiederholt sie schlicht*
> *weg ihre Aussage.*
> Adam 2: Ja genau.
> Adam 3: Ja, das glaube ich auch.
> Adam 4: *(nickt)*
> Adam 1: Dann sind wir uns ja einig. Ich denke, es ist die Da
> tenübertragung.
> *Das Meeting nimmt seinen Lauf in konstruktiven Bahnen.*

Eva hat hier sichergestellt, dass sie den Ideenklau thematisiert, aber auf
eine sehr sachliche und beiläufige Art. So geht Adam gesichtswahrend
aus der Situation hervor. Sie hat sämtlichen verletzten Stolz und Zynismus hintenangestellt, ihm innerlich eine positive Absicht unterstellt
und die Situation so nicht persönlich genommen.

Schauen wir uns die dritte Alternative für Eva an, seinen Ideenklau zu übergehen und ihn großzügig zu unterstützen. Und bitte, liebe
Evas, sehen Sie es nicht als „Ich muss mich jetzt wieder verstellen", sondern sehen Sie es als „Pool von Möglichkeiten, die er nicht kennt".

Eva: *(zu Beginn eines Meetings)* Ich glaube, dass der Fehler an der Schnittstelle zwischen Einkauf und Logistik liegt. *Adams sind noch mit dem Schlagabtausch beschäftigt, es fallen einige typische Hackordnungssätze. Nach längeren Diskussionen kommt man zum Agendapunkt „Ursachenforschung".*

Adam 1: Der Fehler liegt eindeutig an der Schnittstelle zwischen Einkauf und Logistik.

Adam 2: Ja genau.

Adam 3: Ja, das glaube ich auch.

Adam 4: *(nickt)*

Eva: *(bleibt trotz des von ihr empfundenen Ideenklaus souverän und hilft ihm bei „seinem" Standpunkt)* Und wenn ich den Faden jetzt noch einmal aufgreife, dann wäre es doch mehr als sinnvoll, wenn wir uns jetzt diese Schnittstelle einmal genauer ansehen. Die Daten kommen von A nach B, dann wandern sie weiter von B nach C. An welcher Stelle sehen wir denn genau die Ursache? *(durch die offene Frage treibt sie den Meetingprozess voran)*

Adam 1: *(freut sich, dass er wieder Lösungen produzieren darf)* An der Stelle, an der die Daten in das Interface von B nach C wandern. Dort fehlt ein Parameter.

Das Meeting nimmt seinen Lauf in konstruktiven Bahnen.

Dadurch, dass Eva den Ideenklau nicht vor versammelter Mannschaft thematisiert, fühlt Adam sich nicht angegriffen und bleibt im Lösungsmodus. Sie gibt ihm keinen Anlass, in einen Verteidigungsmodus zu wechseln. Wenn sie eine Strichliste eröffnen wollte, hätte sie zynisch zurückgeschlagen. Aber so wäre das Meeting keinesfalls zum Ziel gekommen. Sie hat sich also dafür entschieden, das Meeting mit klaren Fragen und einem gewissen Übergehen weiterzutreiben. Dies wird allen Beteiligten positiv in Erinnerung bleiben. Jetzt kann er und jeder andere im Meeting weiter Lösungen produzieren, und zwar gesichtswahrend.

Nichtsdestotrotz kann Eva, wenn ihr dieses Übergehen gegen den Strich geht, gern noch einmal das Vieraugengespräch mit ihm suchen und ihm sachlich erklären, dass sie sein Verhalten nicht in Ordnung fand. Nur sollte dies nicht vor versammelter Mannschaft und mitten in einem laufenden Meeting geschehen. Dort sollte sie ihre Souveränität und Stärke einsetzen, den Prozess voranzutreiben. Und Adam? Er hat nun einmal eine riesige Angst vor dem Versagen beziehungsweise davor, dass andere besser sein könnten als er. Er fragt eben nicht nach dem Weg, er will selbst Lösungen finden, darüber definiert er sich. Es ist für ein gutes Ergebnis empfehlenswert, ihm durch Informationen und Unterstützung zu helfen, in seinem Lösungsmodus zu bleiben.

Nur die Krawall-Eva versucht pausenlos selbst Lösungen zu produzieren. Und dann sitzt das ganze Meeting voller Adams und zu Adam mutierten Evas, die alle das Gleiche probieren und keinen Schritt vorwärtskommen. Lösungen müssen nicht nur produziert, sondern weiterentwickelt und zusammengeführt werden, und da liegt die Stärke der klassischen Evas.

Situation 5
Verbale und nonverbale Rückmeldesignale und Zwischenfragen

Als wir den Redeanteil von Adam und Eva beleuchtet haben, legten wir die Annahme zugrunde, dass Evas täglich 21 000 und Adams 7000 Signale senden, sei es verbal oder nonverbal. Wichtig ist aber nicht nur die blanke Anzahl der Signale, sondern auch, wann wir unser Repertoire nutzen. Beide setzen die Signale gemäß ihrer primären Orientierung ein: Adams, wenn es um Konkurrenz und Problemlösung geht, Evas, wenn es um Beziehungen und Prozesse geht. Was bedeutet das genau?

Betrachten wir das Zuhören. Eva baut dabei Beziehungen auf. Sie hat diese Fähigkeit von klein auf gelernt. Damit sich alle wohlfühlen in ihren Gruppenspielen, musste sie alle verstehen. Um alle zu verstehen, musste sie allen zuhören. Dies wird sie nie lautlos tun. Vielmehr signalisiert sie ihre Aufmerksamkeit durch Gesten wie Nicken, Laute wie „hmm" oder „aha" oder sogar durch das Wort „Ja". Alle ihre Äußerungen, seien sie verbal oder nonverbal, signalisieren nichts anderes als: „Ich höre dir zu." Selbst das Wort „Ja" bedeutet in diesem Zusammenhang kein Abnicken dessen, was jemand sagt. Sie sendet diese Signale, um ein gutes Klima herzustellen.

Und damit wären wir beim Kern des Missverständnisses. Für Adam gelten diese Rückmeldesignale als Zustimmung zum Gesagten. Und weil er diese Signale als Zustimmung und nicht als Zuhören interpretiert, empfindet er Eva oft als schwach. Für ihn wirkt es, als sage sie zu allem Ja und Amen, als rede sie ihm nach dem Mund und als habe sie keine eigene Meinung.

Wie verhält sich nämlich Adam, wenn er zuhört? Er hört oft reaktionslos zu. Evas fühlen sich ob seiner Reaktionslosigkeit manchmal genötigt zu fragen: „Hörst du mir überhaupt zu?", wodurch er sich angegriffen fühlt, denn er hat ihre Erwartungen nicht erfüllt (und das ist ihm sehr wichtig). Prompt haben wir den Konflikt. Sicher kennen Sie solche Situationen aus Ihrem privaten Umfeld. Evas wiederum stellen die Frage nur, weil sie sich nicht genug beachtet und verstanden fühlen, denn in ihrer Welt gehören die Laute und Gesten dazu. Bleiben sie aus, fühlen sie sich unsicher. In Meetings schlägt dies besonders zu Buche, wenn Eva sich beim Ausführen ihrer Gedanken einer schweigenden Wand von Adams gegenübersieht.

 Wiegen Sie sich nicht in der Sicherheit, dass Eva Ihnen zustimmt. Sie sagt Ihnen nur, dass sie Ihnen zuhört, und sie kann durchaus komplett anderer Meinung sein. Wenn Sie Zweifel haben, ob sie zustimmt oder zuhört, dann klären Sie auch dies, indem Sie fragen: „Was ist Ihre Meinung? Sehen Sie es genauso? Oder anders?" Evas brauchen außerdem unbedingt die eine oder andere Regung von Ihnen, wenn Sie kommunizieren. Ein Kopfnicken oder eine leicht veränderte Körperhaltung in Form von Zuwenden wirkt oft schon Wunder. Sie drücken damit keineswegs Zustimmung aus, sondern dass Sie zuhören.

 Probieren Sie, diese Rückmeldesignale wegzulassen oder zu reduzieren, um Adam nicht zu verwirren. Wenn Sie als Eva Zweifel haben, ob er Ihnen zuhört, können Sie dies durch eine geschickte Frage herausfinden, die sich an seine Kompetenz richtet, zum Beispiel: „Was denkst du dazu?" (bedeutet: „Deine Meinung ist mir wichtig"). Sie können aber davon ausgehen, dass er Ihnen zuhört. Er äußert es eben nur anders, zum Beispiel indem er Sie nicht unterbricht. Wenn Sie ihm diese Frage stellen, riskieren Sie natürlich auch, dass er Ihnen das Gespräch aus der Hand nimmt, insofern ist es möglicherweise für Sie einfacher, fest daran zu glauben, dass er Ihnen zuhört.

Ähnlich verhält es sich mit den Zwischenfragen in Meetings. Wenn Eva zwischendurch nachfragt, bedeutet das: „Ich will genauer verstehen." Sie fragt auch, um Beziehungen aufzubauen und Interesse zu signalisieren. Wenn Adam nachfragt, bedeutet das: „Ich stimme dir zu und will deine Idee weiterentwickeln." Beziehungsweise: „Ich hinterfrage, weil ich es anders sehe." Ihre Fragen sind pure Fragen, seine Fragen sind oft Aussagen verknüpft mit Fragen. Machen Sie sich diese Unterschiede bewusst.

Typische Eva-Nachfragen im Meeting lauten:
* Wie genau soll denn der Ablauf sein? (verstehen)
* Wie haben Sie das alles herausgefunden? (ein gutes Gefühl geben, Beziehungen aufbauen)
* Wie haben Sie das gemacht? (Interesse an der anderen Person signalisieren)

Auf Adam wirken diese Fragen alle etwas naiv. Entweder ist es für ihn nicht relevant zu wissen, woher jemand zum Beispiel seine Informationen hat, oder er findet die Frage nach dem genaueren Ablauf dumm, weil er längst verstanden zu haben meint, wie es läuft.

Typische Adam-Nachfragen im Meeting lauten:
* Ich stimme Ihnen zu, wie können wir die Sache jetzt weitertreiben? (er will die Idee entwickeln)
* Haben Sie das schon mit den betroffenen Kunden besprochen? (das wäre ein logischer nächster Schritt)
* Wer könnte denn diese Aufgabe übernehmen? (er will die Dinge vorwärtsbringen)

Auf Eva wirken diese Fragen herablassend. Sie denkt oft tief in ihrem Inneren, dass der Vortragende sich diese Gedanken wohl schon gemacht haben wird oder noch dazu kommen wird. Sie findet, dass er unnötig das Heft in die Hand nimmt.

Und wie so oft haben beide Fragetypen ihre Berechtigung: zum besseren Verständnis und Informationensammeln zu Beginn sicher Evas und später zum Vorantreiben der Idee sicher Adams.

 Stellen Sie Fragen, wenn sie inhaltlich zielführend sind, wenn Unklarheiten bestehen und wenn Sie sie absolut wichtig finden, um eine Beziehung herzustellen. Dort liegen Ihre Stärken. Stellen Sie lieber keine Fragen, wenn Sie meinen, Sie müssten einfach mal eine Frage stellen, um mitzureden. Stellen Sie Ihre Klärungsfragen früh, denn Adam hat oft die gleichen Fragen, aber weil er ja alles weiß, würde er sie nie stellen.

 Bedenken Sie, dass Ihre als Zwischenfragen „getarnten Forderungen" arrogant wirken und dem Referenten unnötig das Heft aus der Hand nehmen und ihn sogar verunsichern können. Bewahren Sie sich diese Fragen eher bis zum Ende auf, wenn Sie das Gefühl haben, jetzt muss es unbedingt vorangehen. Denn im Vorantreiben liegt Ihre Stärke. Trotzdem sollten die Fragen keine Fragen sein, um sich selbst zu positionieren. Wenn Sie sich positionieren wollen, was Ihr gutes Recht ist, tun Sie dies mit klaren Aussagen und nicht mit Fragen.

Was bei Adam und Eva gelegentlich auftaucht, ist destruktive nonverbale Kommunikation wie Augenrollen etc. Dadurch fühlt Adam sich in seiner Machtposition extrem angegriffen und er wird alles tun, um Sie als Eva schlecht aussehen zu lassen oder Sie zu ignorieren. Und Eva fühlt sich zwar nicht in ihrer Machtposition angegriffen, aber sie empfindet zu wenig Wertschätzung und Anerkennung.

 Destruktive nonverbale Kommunikation wie Augenrollen, Kopfschütteln oder ein Abwinken mit der Hand hat in Meetings nichts verloren. Sie ist respektlos und führt zu nichts außer schlechter Stimmung. Wenn Sie einen Einwand haben, formulieren Sie ihn konstruktiv oder halten Sie sich zurück.

Situation 6
Die Fragerunde am Ende

Bei vielen Meetings oder Konferenzen gibt es zum Schluss einen Agendapunkt „Fragerunde" oder „Offene Fragen". Er wird von Adam und Eva oft sehr unterschiedlich gehandhabt, was zu unnötigen Verstimmungen und Konflikten führen kann. Adam fragt als lösungsorientierter Mensch oft nicht, um zu fragen, sondern um selbst ein Thema zu besetzen. Er hat tendenziell Angst davor, Fragen zu stellen, denn er könnte ja eine Wissenslücke haben, die ihm als Schwäche ausgelegt wird. Daher wird er nur fragen, wenn ihm wirklich Informationen fehlen und er ganz sicher sein kann, dass er diese nicht schon von anderer Stelle hätte haben müssen.

Typische Adam-Fragen sind:
* Sollten wir nicht das Produkt für den Kunden attraktiver machen? (enthält einen Vorschlag)
* Meinen wir denn nicht, dass wir das Training für den Außendienst verbessern müssen? (enthält ebenso einen Vorschlag)

Auf Evas wirkt dieses Verhalten illoyal und wie „Gockelgehabe". Für sie hat das Fragenstellen nämlich einen verbindenden Charakter. Durch Fragenstellen bringen wir uns in ihren Augen alle auf denselben Wissensstand. Daher ist für sie die Fragerunde ein ganz wichtiger und fairer Agendapunkt. Er stellt Gleichheit her. Sie wird die Zeit nutzen, um viele Fragen zu stellen.

Typische Eva-Fragen sind:
* Wo liegt denn in unseren Augen das Kernproblem? (will Meinungen integrieren)
* Welche Ursachen sehen wir für diese Entwicklung? (will Informationen sammeln)

Auf Adams wirkt dies wiederum wie „Die hat keine Ahnung". Das nur zur Erklärung, wie möglicherweise das andere Geschlecht die Fragerunde empfindet.

Eine Fragerunde ist eine Runde, in der Fragen gestellt und geklärt werden, sie ist keine Positionierungsrunde. Stellen Sie wirkliche Fragen und erledigen Sie das Positionieren einfach schon vorher. Die Beantwortung sollte genauso wenig zur Eigendarstellung verwendet werden wie das Fragenstellen selbst.

 Überlegen Sie sich, bevor Sie Fragen stellen, welche wirklich wichtig und relevant sind, um das Meeting-Ziel zu erreichen. Zu viele Fragen können vom Ziel ablenken und Ihnen vor allem als Inkompetenz ausgelegt werden. Stellen Sie Ihre Fragen so, dass er nicht denkt, Sie hätten keine Ahnung. Erklären Sie zum Beispiel kurz, wofür Sie die Information benötigen, im Sinne von: „Wenn wir uns beim Kernproblem einig sind, können wir uns an die konkrete Lösung begeben."

 Zwischen sich positionieren und Gleichheit herstellen liegen Welten. Legen Sie vor der Fragerunde klar die Regeln fest, zum Beispiel: „Jeder kann erst einmal eine Frage stellen (nicht länger als zwei Sätze) und diese Fragen werden zunächst gesammelt", „Es sollen nur wirkliche Fragen und keine Vorschläge genannt werden". Wenn Sie die Fragen sammeln, können Sie sie blockweise beantworten und verhindern so, dass einzelne Fragen und deren Beantwortung zur Selbstdarstellung ausarten. Sorgen Sie dafür, dass diese Regeln eingehalten werden. Gemeinsame Regeln haben einen verbindlichen Charakter und helfen, die persönlichen Empfindungen und Wünsche bei Frage- und Antwortrunden auszublenden.

Situation 7
Festlegen der nächsten Schritte

Nach der Fragerunde sollten am Ende eines Meetings klare nächste Schritte stehen. Sehr häufig werden diese nicht umgesetzt, weil sie dann eben doch nicht so klar waren. Woran liegt das?

Adam hat die Tendenz, die nächsten Schritte stakkatohaft und fordernd am Ende des Meetings noch einmal aufzuzählen: Wer macht was bis wann. Dabei wird ihm meist nicht widersprochen. Dann werden die nächsten Schritte gepflegt ausgesessen, bis jemand nachhakt. Viele Adams widersprechen den Anordnungen aus Loyalität nicht, tragen aber auch nicht wirklich dazu bei, dass Dinge vorangehen. Evas geht es ähnlich. Der Stakkato-Ton wirkt zu schroff, als dass sie widersprechen würden. Oder sie gehen gleich in eine Art Streik, bei dem sie leicht zickig signalisieren, dass sie ja wohl erst einmal gefragt werden müssen, ob sie die nächsten Schritte auch so umsetzen können. Da er mit dieser Zickigkeit schlecht umgehen kann, ordnet er die nächsten Schritte qua Hierarchie einfach an, und damit ist die Sache für ihn erledigt.

Eva hat durch ihr integrierendes Wesen eher die Eigenschaft, vor dem Festlegen der nächsten Schritte noch einmal in die Runde zu fragen, was denn nun die gemeinsamen Beschlüsse seien. Sie will sicherstellen, dass alle von der gleichen Sache reden, was sehr erhellend sein kann. Häufig tun wir das nämlich nicht. Sie tut dies auch während des Meetings immer wieder und legt damit den Finger mitten in eine große Wunde. Während Adam an dieser Stelle versucht, den Schein zu wahren, will Eva lieber ein für allemal Klarheit. Wählt sie hier den falschen Tonfall, fühlt er sich allerdings vorgeführt und kann sehr aggressiv reagieren.

Auch zu den nächsten Schritten fragt Eva tendenziell bei den Betroffenen ab, ob die nächsten Schritte und das Timing okay für sie sind. Was Adam qua Hierarchie einfach festlegen würde, stellt sie gern noch einmal infrage. Je nach Meeting-Teilnehmern können beide Wege zum Ziel führen. Sie spüren, welches Verhalten wo angebracht ist. Das Anweisen nächster Schritte qua Hierarchie kann dazu führen, dass Dinge ausgesessen oder ungern gemacht, aber nun mal eben erledigt werden. Sie können aber auch als klare unzweifelhafte Ansage einfach ausgeführt werden (dies meistens von Adams). Das Rückversichern, dass die nächsten Schritte so okay sind, kann zu mehr Commitment und Begeisterung beim Ausführen der nächsten Schritte führen, weil es Wertschätzung signalisiert, es kann aber auch zu einer allgemeinen Jammer-Runde bis hin zu einer Geht-nicht-Mentalität ausarten. Daher gibt es hier kein richtig und kein falsch, sondern nur ein situatives Vorgehen, bei dem mal Adams und mal Evas präferiertes Verhalten erfolgreicher ist. Seien Sie also wachsam und lernen Sie situativ voneinander.

Lernen Sie, Eva in ihrer Stärke des harmonischen Miteinanders zu unterstützen. Fassen Sie nach langen Diskussionen Entscheidungen zusammen, um ein gemeinsames Verständnis herzustellen und Missverständnisse zu vermeiden. Ordnen Sie nächste Schritte nicht zwangsläufig an, sondern suchen Sie die Zustimmung der Ausführenden, wenn Sie nicht fürchten müssen, dass diese es als Einladung zum Jammern verstehen.

 Etablieren Sie ein gemeinsames Verständnis im Hinblick auf die nächsten Schritte, aber seien Sie wachsam, dass dies nicht als Einladung zum Jammern aufgefasst wird oder Adam bloßstellt. Statt zu fragen: „Haben wir das wirklich so vereinbart?", fragen Sie beispielsweise lieber: „Ich stimme mit Ihnen in diesen Punkten überein, aber an jener Stelle habe ich es so verstanden. Wie sehen wir das?" So kann er ob der Kleinigkeit (egal ob sie es ist oder nicht) erhobenen Hauptes aus der Situation hervorgehen.

Situation 8
Nach dem Meeting: Das Abarbeiten der nächsten Schritte

Adam sorgt mit seiner Zielorientierung nach einem Meeting oft dafür, dass die nächsten Schritte abgearbeitet werden. Sind Konflikte aufgetreten, sucht er möglicherweise das persönliche Gespräch mit einzelnen Teilnehmern, um seine Erwartungen noch einmal explizit zu formulieren. Typischerweise könnte dies so aussehen:

Adam: „In dem Meeting wurde das weitere Vorgehen in dem Kosten-Einspar-Projekt besprochen. Herr Müller, bitte machen Sie eine Kostenaufstellung für Ihre Kostenstelle für die letzten drei Jahre. Frau Meier, bitte machen Sie mir doch für Ihren Bereich einen Vorschlag, wo Sie im nächsten Jahr noch 10 Prozent Einsparungspotenzial sehen. Frau Schmidt, bitte aktualisieren Sie diesen Bericht."
Danach geht er zum Kollegen Weber, der mit im Meeting war, und sagt: „Sie haben an der Stelle geäußert, dass das Projekt Humbug sei. Mit dem Kommentar bin ich nicht einverstanden. Bitte verkneifen Sie sich zukünftig solche Kommentare."

Was auf Eva bisweilen schroff und autoritär wirkt, ist für Adam das klare Abarbeiten von nächsten Schritten, die weiter zum Ziel führen, und die Notwendigkeit, auf bestimmte Verhaltensweisen sofort Feedback zu geben.

Eva hingegen gibt den Mitarbeitern Hintergrundinformationen, beschreibt mehr den Prozess des Meetings. Sind Bedenken aufgetreten, leitet sie diese weiter. Beim Verteilen der nächsten Schritte hat sie im Hinterkopf, wie das Thema denn bei den Mitarbeitern ankommen könnte. Wenn es Konflikte gab, bespricht sie die erst einmal mit Kollegen und nicht (sofort) mit den Betroffenen. Bei ihr könnte das gleiche Thema so aussehen:

Eva: „Ich komme gerade aus dem Meeting, in dem das weitere Vorgehen in dem Kosten-Einspar-Projekt besprochen wurde. Wir haben da zunächst noch einmal das Für und Wider diskutiert, dann haben wir lange darüber gesprochen, wo wir überhaupt sinnvoll sparen können, das war eine hitzige Diskussion. Im Grunde sind wir uns einig, dass es keinen Weg daran vorbei gibt und dass wir jetzt drei Kernbereiche haben, wo wir das größte Einsparungspotenzial sehen. Das sind die Bereiche von Herrn Müller, Frau Meier und Frau Schmidt. Ich weiß, jetzt fragen Sie bestimmt, wieso und weshalb. Ich hätte es mir auch anders gewünscht, aber jetzt müssen wir damit leben. Daher müsste ich Sie um Folgendes bitten: Herr Müller, ich benötige eine Kostenaufstellung für Ihre Kostenstelle für die letzten drei Jahre. Frau Meier, für Ihren Bereich brauche ich einen Vorschlag, wo Sie im nächsten Jahr noch 10 Prozent Einsparungspotenzial sehen. Und Frau Schmidt, ich brauche diesen Bericht bitte in einer aktuellen Version, damit wir bei Ihnen auch noch einmal auf die Suche gehen können."
Danach geht Eva zu einer Kollegin, die nicht im Meeting war, und sagt: „Puh, dieser Weber, der geht mir so was von … Sitzt der doch tatsächlich mitten im Meeting und sagt, das Projekt sei Humbug. Kannst du dir das vorstellen?"
Zu Herrn Weber geht sie nicht.

Auf Adam wirkt die Einleitung viel zu lang. Er will nicht genau verstehen, was im Einzelnen im Meeting an welcher Stelle besprochen wurde. Er denkt sich innerlich: Komm zum Punkt. Die prozessorientierte Eva ist sich dessen nicht bewusst. Die nächsten Schritte kleidet sie in einen Kontext, das heißt, wofür sie gebraucht werden. Dies hilft vielen Mitarbeitern, die Aufgaben nicht als sinnlose Beschäftigungstherapie anzusehen. Allerdings kann sie mit ihrer Ehrlichkeit auch schlafende Hunde wecken und eine allgemeine Jammerstimmung auslösen. Hier ist Vorsicht geboten.

 Auch wenn es auf Sie etwas mechanisch oder maschinengewehrartig wirkt, die Ansage klarer nächster Schritte und das direkte Feedback sind zielführende Verhaltensweisen. Fassen Sie seine Ansagen nicht als Angriff auf, sondern als Aufforderung, gemeinsam dem Ziel ein Stück näher zu kommen und Verhaltensweisen zu verhindern, die dem Ziel schaden könnten. Jeder hat nun seine Aufgabe und alle gemeinsam können es schaffen. Vielleicht gelingt es Ihnen, mit diesem Bild im Kopf Ihre Irritation über seinen Ton zu besiegen. Bewahren Sie sich Ihren Ansatz, beim Verteilen der nächsten Schritte ein wenig Kontext und Stimmungen mitzugeben. Achten Sie darauf, dass Sie diesen Teil trotzdem kurz halten, um eine allgemeine Jammerdiskussion zu verhindern. Sind Konflikte aufgetreten, sprechen Sie diese mit den Betroffenen unter vier Augen an.

 Wenn Sie nach einem Meeting die nächsten Schritte verteilen, geben Sie ein bisschen einleitenden Hintergrund. Erklären Sie den Mitarbeitern, wofür ihre Beiträge gebraucht werden und wie sie auf das übergeordnete Ziel einzahlen. Dies ist vor allem für Evas wichtig, die gern Beiträge zum Allgemeinwohl leisten. Bewahren Sie sich trotzdem Ihre fokussierten Ansagen und fügen Sie vielleicht einen Satz über den Meeting-Verlauf hinzu. Das hilft vor allem Evas, die Lage einzuschätzen. Behalten Sie das direkte Ansprechen von Konflikten mit dem jeweils Betroffenen bei. Wenn Sie jemandem verbesserndes Feedback geben, erklären Sie kurz, warum eine andere Verhaltensweise relevant ist. Etwas mehr Kontext entschärft Ihren Ton für Eva, Sie können sich und Ihre Meinung trotzdem klar positionieren.

Mit dem neuen Repertoire könnte die Situation bei Adam so ablaufen:

Adam: „In dem Meeting wurde das weitere Vorgehen in dem Kosten-Einspar-Projekt besprochen. Wir hatten kontroverse Diskussionen, aber wir haben einen gemeinsamen Weg gefunden. Jeder hat drei Bereiche identifiziert, in denen wir sparen können, bei uns sind das die Bereiche von Herrn Müller, Frau Meier und Frau Schmidt. Daher folgende Bitte: Herr Müller, bitte machen Sie noch einmal eine Kostenaufstellung für Ihre Kostenstelle für die letzten drei Jahre. Frau Meier, bitte machen Sie mir für Ihren Bereich einen Vorschlag, wo Sie im nächsten Jahr noch 10 Prozent Einsparungspotenzial sehen. Frau Schmidt, bitte aktualisieren Sie diesen Bericht."
Danach geht er zum Kollegen Weber, der mit im Meeting war, und sagt: „Sie haben an der Stelle geäußert, dass das Projekt Humbug sei. Dieser Kommentar kann das ganze Team runterziehen, denn er lässt den von allen entwickelten Plan in keinem guten Licht dastehen. Bitte versuchen Sie in Zukunft, sich solche in meinen Augen abfälligen Kommentare zu verkneifen."

Adam hat hier etwas mehr Hintergrund eingefügt, trotzdem sind die nächsten Schritte noch klar und beim Feedbackgeben hat er die Relevanz seines Feedbacks erklärt, nämlich dass die Bemerkung das ganze Team runterziehen kann.

Und wenn Eva die Tipps umsetzt, kann das Ganze so aussehen:

Eva: „Ich komme gerade aus dem Meeting, in dem das weitere Vorgehen in dem Kosten-Einspar-Projekt besprochen wurde. Wir hatten eine hitzige Diskussion, aber im Grunde sind wir uns einig, dass es leider keinen Weg daran vorbei gibt und dass wir jetzt drei Kernbereiche haben, wo wir das größte Einsparungspotenzial sehen. Das sind die Bereiche von Herrn Müller,

Frau Meier und Frau Schmidt. Daher folgende Bitte: Herr Müller, ich benötige eine Kostenaufstellung für Ihre Kostenstelle für die letzten drei Jahre. Frau Meier, für Ihren Bereich brauche ich einen Vorschlag, wo Sie im nächsten Jahr noch 10 Prozent Einsparungspotenzial sehen. Und Frau Schmidt, ich brauche diesen Bericht bitte in einer aktuellen Version, damit wir bei Ihnen auch noch einmal auf die Suche gehen können."
Danach geht Eva direkt zum Kollegen Weber. „Lieber Herr Weber, ich möchte mit Ihnen kurz über Ihre Aussage reden, dass das Projekt Humbug sei. Ich halte Ihren Kommentar vor dem Hintergrund der allgemein angespannten Situation für sehr gefährlich. Sie wissen so gut wie ich, dass wir dieses Projekt durchführen müssen und dass es nur noch um das WIE geht. Daher finde ich es nicht gut, wenn Sie vor versammelter Mannschaft das WAS infrage stellen, denn das zieht das ganze Team runter. Ich hoffe, Sie können das nachvollziehen."
Zu der anderen Kollegin geht sie nicht.

Eva gibt weiterhin Hintergrundinformationen, kürzt aber den Meeting-Verlauf und die möglichen Bedenken auf „eine hitzige Diskussion" und „leider". Dann klärt sie den Konflikt mit Herrn Weber auf ihre Art. Sie stellt mit dem WAS ein verbindendes Element her, thematisiert aber auch klar, dass ihr sein Verhalten nicht passt.

Sowohl Adam als auch Eva haben in diesem Beispiel einen Weg gefunden, ihre Stärken nach vorn zu bringen, ohne beim anderen Geschlecht anzuecken und ohne sich komplett zu verbiegen.

Situation 9
Nach dem Meeting: Was nicht erwähnt wurde

Die beziehungsorientierte Eva hat nicht nur Probleme mit Adams Tonfall nach Meetings, sie denkt auch über das nach, was nicht gesagt wurde. Ihr 360°-Radar hat alle Zwischentöne aufgenommen. Sie verspürt daher oft das Bedürfnis, über Dinge zu reden, die nicht explizit erwähnt wurden, für sie aber spürbar waren. Folgender Dialog zwischen zwei Meeting-Teilnehmern wäre typisch:

Eva: Wie bist du mit dem Meeting zufrieden?

Adam: Gut. Alles okay.

Eva: Hm, ich hatte nicht so den Eindruck.

Adam: Wie jetzt?

Eva: Ich glaube, der Projektleiter ist dir ganz schön auf die Nerven gegangen.

Adam: *(für den ja nur das Ergebnis und nicht der Prozess zählt)* Nö, ist er nicht. Und selbst wenn ...

Eva: Siehst du, das meine ich. Da gibst du es schon zu. Man hat es dir auch angesehen.

Adam: Was soll das denn jetzt? Ist doch alles gut ausgegangen.

Eva: Ja, aber *(der Killersatz „Ja, aber" ist an Aggressivität nicht zu überbieten, heißt nämlich wörtlich übersetzt: „Du erzählst Müll")* deinem Blick nach zu urteilen hast du im Stillen gedacht, ich bringe den um.

Adam: Wird jetzt hier meine Körpersprache analysiert oder was? Mir ist das zu blöd. Muss jetzt los. *(Flucht, eine typische Adam-Reaktion, wenn er mit dem Rücken zur Wand steht und sich verhört und beschuldigt fühlt, obwohl alles gut ist)*

Adams stehen überhaupt nicht darauf, ihr Verhalten und ihre Gedanken interpretiert zu bekommen. Und weil Evas sich immer untereinander über ihre Gedanken und Gefühle austauschen, diesen Austausch bei ihm aber vermissen, konstruieren sie ihre eigenen Interpretationen (siehe das Thema Gedankenlesen in der Einleitung).

 Lernen Sie zu ertragen, dass es für Adam nicht so wichtig ist wie für Sie selbst, dass sich alle gut fühlen. Am besten hören Sie komplett auf, sein Gefühlsleben und seine Gedanken zu interpretieren. Möglicherweise hat er an dieser Stelle keine Emotionen (dann ist ihm der Dialog darüber sowieso unangenehm), möglicherweise richtet er seinen Fokus auf ein Ergebnis (dann versteht er nicht, warum Sie noch im Schnee von gestern stochern), möglicherweise ist er sich über seine Gefühle gerade nicht im Klaren (dann möchte er das gern erst für sich lösen, bevor er sich darüber austauscht). Nur in circa 1 Promille der Fälle könnten Sie mit Ihrer Interpretation seiner Gedanken richtig liegen, und dann erhalten Sie maximal ein „Stimmt, aber am Ende war ja alles in Ordnung". Das macht Sie dann auch nicht glücklich.

Wenn Ihnen Eva zu inquisitorisch wird, laufen Sie nicht weg. Mit einem „Das ist lieb, dass du dir da Gedanken machst. Das mag auch alles sein, aber für mich zählt das Ergebnis und das war gut. Mehr ist für mich an dieser Stelle nicht relevant" geben Sie ihr Wertschätzung, aber zugleich das klare Signal, dass Sie diese Unterhaltung jetzt nicht führen wollen und das Thema auch nicht zielführend finden. Heimlich dürfen Sie dann gern mal darüber nachdenken, ob Ihr Unmut im Meeting wirklich so sichtbar war und wie Sie dies in Zukunft verhindern können.

Eva will aber nach dem Meeting nicht nur den Prozess, die Stimmung oder nicht Gesagtes analysieren. Hinzu kommt, dass sie oft erst nach dem Meeting ihren Ärger oder ihre Sorgen thematisiert. Und das geschieht noch nicht einmal mit den Betroffenen, sondern – wie wir in dem Beispiel vorher mit Herrn Weber gesehen haben – mit völlig unbeteiligten Personen beim Getuschel am Kaffeeautomaten. Da wird dann hinter vorgehaltener Hand vom Leder gezogen über das unmögliche Benehmen des Projektleiters und die Arroganz des Jungmanagers. Und „hintenrum" entwickeln sich plötzlich Dynamiken, die unsere so harmonieliebende Eva höchstpersönlich schürt. Diese Stimmungsmache, liebe Evas, ist wirklich gefährlich für den Erfolg des Projekts. Dennoch können Ihre feinen Antennen und Empfindungen wichtig sein.

Wenn Sie der Meinung sind, dass die Stimmung in einem Meeting Ausmaße annimmt, die den Projekterfolg bedrohen, dann thematisieren Sie es, aber sofort und in einer wertschätzenden Art und Weise. Und wenn es einzelne Personen betrifft, reden Sie mit ihnen darüber im Vieraugengespräch unmittelbar nach dem Meeting.

Sie könnten beispielsweise noch im Meeting sagen: „Ich habe den Eindruck, dass wir hier überhaupt nicht an einem Strang ziehen. Ich schlage vor, wir sammeln kurz, welche Hindernisse jeder Einzelne sieht, und überlegen, wie wir diese aus dem Weg räumen, bevor wir weiter am Ziel arbeiten! Sonst diskutieren wir im Kreis." Jetzt haben Sie Adam in seiner Zielorientierung abgeholt. Wenn er sein Ziel in Gefahr sieht, wird er nun etwas sagen. Wenn er es nicht in Gefahr sieht, kann dies ein Zeichen dafür sein, dass Sie als Eva etwas zu sensibel reagieren und ein Problem schaffen, wo gar keines ist. Gehen Sie dann davon aus, dass alles in Ordnung ist, dass man sich in der Sache vielleicht nicht in allen Punkten einig ist, sich aber auch nicht vor Begeisterung um den Hals fallen muss. Er hat da eine höhere Leidensgrenze.

Oder Sie gehen wie Adam direkt nach dem Meeting zu den Personen, die in Ihren Augen die Stimmung gefährdet haben, und thematisieren dieses Verhalten.

 Beobachten Sie Eva in Meetings und vor allem ihre nonverbale Kommunikation. Wenn sie die Augen verdreht oder den Kopf schüttelt, fragen Sie sich, ob das Ziel eines Projekts möglicherweise in Gefahr ist oder ob sich Konflikte möglicherweise nachhaltig in Ihrer Organisation manifestieren und zukünftige Projekte oder Arbeitsabläufe gefährden. So sehr Sie denken, dass sie unnötig Stress macht, so sehr sollten Sie ihre Einwände selbstkritisch betrachten. Hat sie einen fairen Punkt, können Sie frühzeitig gegensteuern und Schlimmeres verhindern. Übertreibt sie, so können Sie sie beruhigen, indem Sie ihr wertschätzend Ihre Meinung dazu sagen.

Dies könnte zum Beispiel so lauten: „Ich schätze sehr, wie Sie diese ganzen Stimmungen und Zwischentöne aufnehmen. In diesem Fall sehe ich aus diesen und jenen Gründen keine Bedrohung für unser Projekt. Aber lassen Sie uns das kritisch im Auge behalten. Was nicht ist, kann ja noch werden." So deeskalieren Sie die Situation und trotzdem kann Eva ganz Eva sein.

Bühne frei:
Am Rande der Präsentation

Eine Sonderform des Meetings und ein Teil vieler Zusammenkünfte ist die Präsentation. In Präsentationssituationen ist eine Person, häufig ein Experte in seinem Thema, besonders exponiert. Neben den im letzten Kapitel behandelten Themen gilt es daher noch weitere Dinge zu beachten.

Situation 10
Gestik, Mimik und Stimme

Nach der bis heute häufig zitierten Studie von Dr. Albert Mehrabian an der University of California Los Angeles 1971 und 1981 wirken wir nur zu 7 Prozent mit dem, was wir sagen, zu 38 Prozent wirkt unsere Stimme und zu 55 Prozent die Körpersprache. Ich finde diese Parameter genauso erschreckend wie einleuchtend. Wir könnten demnach einen ziemlichen Müll von uns geben, solange wir durch Stimme und Körpersprache überzeugen, gehen wir besser aus der Situation hervor als eine Person mit einer schwachen Stimme und Ausstrahlung und hervorragendem Inhalt.

Beginnen wir mit dem größten Faktor, der Körpersprache. Diese wird von Adam und Eva ganz unterschiedlich eingesetzt und interpretiert. Ein Lächeln aus dem Publikum für den Präsentierenden sowie Blickkontakt sind für Eva Gesten, die Verbundenheit äußern sollen. Ihr geht es ums Wohlfühlen, ihr ist es wichtig, dass die Person, die vorn steht, die Situation als angenehm empfindet. Adams interpretieren ein Lächeln für den Präsentierenden oder Blickkontakt, vor allem aus der Position des Sitzenden, oft als Geste der Unterlegenheit. Sie setzen oft ein Pokerface auf und vermeiden Blickkontakt, um sich auch durch Körpersprache abzugrenzen und Distanz zu halten. So wahren sie sich die Freiheit, zu widersprechen. Krawall-Eva lässt ihr Gesicht vollkommen erstarren und verzieht keine Miene. Sie gleicht einem Eisklotz.

Kommen wir vom Publikum zum Präsentierenden selbst. Eva hat häufig von Kindesbeinen an eine bescheidene Körperhaltung gelernt. Ein Mädchen hält sich eher im Hintergrund und ist nett. Der seitlich geneigte Kopf und das Stehen auf einem Bein, während das andere etwas einknickt, sind bei ihr tief sitzende Körpermuster. Adams haben gelernt, ihren Mann zu stehen, cool zu sein, egal was passiert. Nun haben beide bei Präsentationen das gleiche Problem. Wenn sie nicht wirkliche „Rampensäue" sind, fühlen sie sich da vorn eher unbehaglich. Eva fällt dann schnell in ihr Mädchenmuster zurück. Sie stellt Verbundenheit und vor allem Gleichheit mit den anderen her, indem sie sich durch ihre Körperhaltung unscheinbarer macht. Und er kompensiert diese Unsicherheit, indem er versucht, Distanz zwischen sich und sein Publikum zu legen. Er verstärkt quasi seine Abgrenzung noch durch betont lässige Körperhaltungen wie Hände in den Hosentaschen und breitbeiniges Zurücklehnen mit hinter dem Kopf verschränkten Armen oder durch betont abgrenzende Gesten wie vor dem Körper verschränkte Arme. Diese Distanz gibt ihm das Gefühl von Überlegenheit und Sicherheit. Weder Adams noch Evas typische Muster helfen, ein Publikum für sich zu gewinnen. Evas werden als wenig kompetent und unsicher angesehen, Adams wirken arrogant, als seien ihnen die Zuhörer egal.

Kommen wir zum zweiten Faktor, der Stimme: Eine starke (und tiefe) Stimme wird mit Autorität und Stärke in Verbindung gebracht. Unbewusst nehmen wir Menschen mit leiser, hoher oder wackliger Stimme als weniger kompetent und als unsicher wahr. Sie müssen uns dann erst einmal das Gegenteil beweisen. Obwohl dies für beide Geschlechter gilt, hat Eva hier einen genetischen Nachteil. Ihre Stimme ist oft (zu) hoch und zu leise. Aber Sie können daran arbeiten, Ihre Stimme gefestigt und resolut klingen zu lassen. Mehr dazu erfahren Sie in „Mein Tipp für beide". Hüten Sie sich jedoch davor, wie Krawall-Eva in einem Kasernenton und abschreckend laut und verkrampft zu reden. Eine leise Stimme wird Männern übrigens noch weniger verziehen als Frauen. Hier sprechen wieder unsere Voreingenommenheiten, von einem Mann wird Sicherheit in Form einer lauten Stimme erwartet. Achten Sie daher als Adam besonders darauf, Ihrer Stimme ein ordentliches Volumen zu verleihen.

 Bringen Sie sich mit mentalen Übungen vor dem Präsentieren in einen selbstbewussten Zustand, indem Sie beispielsweise vor dem Betreten der Bühne eine Situation wachrufen, in der Sie sich heldenhaft gut gefühlt haben. So müssen Sie weder bescheiden noch distanziert dastehen. Bewegen Sie beim Sprechen bewusst den Unterkiefer, damit ihre Stimme nicht zu gequetscht klingt. Wenn Sie glauben, dass Ihre Stimme ein negativer Faktor sein könnte, holen Sie sich in jedem Fall die Hilfe eines Logopäden, Stimmtrainers oder Gesangslehrers hinzu. So schaffen Sie mehr Resonanzraum, lernen besser zu betonen und zu modulieren. Es lohnt sich.

 Seien Sie überzeugt davon, dass das, was Sie sagen werden, Hand und Fuß hat. Die meisten Menschen in Deutschland laufen nicht mit freundlichem Gesicht durch die Welt. Die Reaktionslosigkeit im Publikum bei Adams und Krawall-Evas hat nichts mit Ihnen zu tun. Sprechen Sie sonst eher leise, dann reden Sie nun lauter, als Ihnen notwendig erscheint, sodass Sie auch gehört werden. Machen Sie bewusst einen Schritt auf Ihr Publikum zu und sagen Sie sich, dass Sie sich freuen, ihnen etwas mitzuteilen. So kommen Sie aus der geduckten Haltung.
Mein Tipp für die Krawall-Eva: Seien Sie nicht zu verbissen beim Präsentieren, sondern konzentrieren Sie sich darauf, Ihre Zuhörer auch mitzunehmen und abzuholen. Ein zu lauter Ton, eine zu verkrampfte Haltung und Stimme wirken wie bei der Armee und überzeugen nichts und niemanden. Punkten Sie durch die Mischung aus Kompetenz *und* Nahbarkeit.

 Wenn Sie Eva zu Höchstleistungen beim Präsentieren bringen wollen, schenken Sie Ihr von Zeit zu Zeit Ihren Blick oder ein Lächeln. Sie versteht es nicht als Zustimmung oder Unterlegenheit, sondern als Signal der ihr so wichtigen Verbundenheit. Gerade vor vielen Adams fühlen sich die meisten Evas unter Stress. Stellen Sie als Präsentierender eine Verbindung zu Ihrem Publikum her. Wenn Sie das Gefühl von Überlegenheit brauchen, dann führen Sie sich vor Augen, dass die mächtigsten Männer (zum Beispiel Nelson Mandela) zwar klare Aussagen kommuniziert haben, aber eine große Nähe zum Volk hatten. Lassen Sie den Nelson in sich raus. Stellen Sie Ihre Souveränität durch Inhalte her statt durch Distanz.

Situation 11
Der Umgang mit Störern

Ein weiterer Faktor bei Präsentationen ist die Kunst, die Aufmerksamkeit für sich zu haben und Störer im Publikum in Schach zu halten. Adams gelingt es oft besser als Evas, Störer zum Schweigen zu bringen. Die Kunst liegt in der direkteren Kommunikation und in dem gezielten Einsatz von Körpersprache. Stellen Sie sich folgende Situationen vor:

Situation A: Eva präsentiert, im Publikum beginnen Teilnehmer mit Gesprächen. Sie tut so, als sei nichts gewesen. Sie präsentiert einfach weiter. Die Gespräche verstummen nicht. Eva versucht die Störer aus ihrem Blickfeld auszublenden, sie schaut nur noch die Teilnehmer an, die zuhören. Das tut ihr gut, denn sie empfindet die Störer als extrem geringschätzend und jeder Anblick der Störenfriede tut ihr weh. Durch das Ausgrenzen aus dem Blickfeld wiegen sich die Störer noch mehr in Sicherheit und reden nicht nur fröhlich weiter, sondern auch noch lauter. Sie spürt, dass sie stimmlich nicht mehr gegen den Geräuschpegel ankommt, und beginnt lauter, schriller und schneller zu reden, um es bloß hinter sich zu bringen. Das von ihr Gesagte verliert so extrem an Wert, irgendwann hört im schlimmsten Fall niemand mehr zu.

Situation B: Adam präsentiert, im Publikum beginnen Teilnehmer mit Gesprächen. Er wirft ihnen einen gezielten Blick zu. Als keine Reaktion erfolgt, legt er eine Redepause ein, sodass man nur noch die Störenfriede hört. Sie werden automatisch leise. Aber sobald er fortfährt, geht ihr Gespräch weiter. Adam unterbricht seine Präsentation, geht auf den Tisch der beiden zu, wartet einen Moment und fragt dann: „Gibt es eine Unklarheit oder Frage?" Die beiden verstummen. Nein, es sei alles in bester Ordnung. Ihr Gespräch hört auf.

Der Unterschied zwischen Adam und Eva liegt darin, dass Eva aus Gründen der Harmonie versucht, den Störfaktor zu umgehen, wodurch er sich ungehindert weiterentwickeln kann. Adam verwendet Eskalationsstufen, um ganz klar zu zeigen, wer der Herr im Haus ist. Seine nonverbale Sprache in Form von Blickkontakt, Pausen und sich Aufbauen vor den Störenfrieden schlägt eindeutig die verbale Sprache. Möglicherweise hätte er gar nichts sagen müssen, das sich Aufbauen hätte schon gereicht. Obwohl Eva über viel mehr Worte und nonverbale Signale verfügt, setzt sie diese in solchen Situationen oft nicht zielgerichtet ein, da ihr Harmoniebestreben und ihr Beziehungsfokus ihr einen Strich durch die Rechnung machen. Adam hingegen nutzt die ihm vertraute Körpersprache der Macht gezielt.

 Ignorieren Sie Störer oder Konflikte in Präsentationen nicht. Haben Sie den Mut, Pausen entstehen zu lassen und Ihre Macht zu demonstrieren. Wenn Ihnen das schwerfällt, denken Sie daran, dass es auch dem Rest der Zuhörer gegenüber unfair wäre, wenn Sie nicht für Ruhe sorgen würden. Oder stellen Sie sich eine Situation vor, in der Sie richtig angenehm im Mittelpunkt standen. Wenn Sie die Erinnerung daran wachrufen, fällt es Ihnen leichter, das Im-Mittelpunkt-Stehen in dieser Konfliktsituation auszuhalten.

 Wenn eine präsentierende Eva in Störsituationen nicht einschreitet, bedeutet das nicht, dass sie den von ihr präsentierten Inhalt nicht für wichtig empfindet oder sich ihrer Sache nicht sicher ist. Lösen Sie sich von dieser Verknüpfung und versuchen Sie, ihr inhaltlich zu folgen. Gern können Sie auch aus dem Publikum heraus die Störer zur Ruhe ermahnen. Sie tun Eva damit einen großen Gefallen.

Generell gilt ohnehin, dass das Stören im Publikum ein respektloses Verhalten darstellt. Wenn Sie telefonieren müssen, gehen Sie also bitte raus. Wenn Sie eine Frage oder kritische Anmerkungen haben, melden Sie sich und tun diese kund. Die ständige Beschäftigung mit Ihrem Smartphone sollte Sie zu der Frage führen, warum Sie überhaupt in dieser Präsentation sitzen. Von meinen Trainingsteilnehmern höre ich vielfach, dass Meetings und Präsentationen immer ineffizienter werden, weil die Teilnehmer nur „halb anwesend" sind. Diese simplen Regeln sollten daher eine Selbstverständlichkeit sein.

Situation 12
Das Spiel mit Status und Raum

In sämtlichen Gesprächs- und Kommunikationssituationen spielen wir Menschen unbewusst mit dem Status, das heißt damit, wie wir uns gegenüber dem anderen und gegenüber uns selbst positionieren. Dies wird oft als Außenstatus (gegenüber dem anderen) und Innenstatus (gegenüber uns selbst) bezeichnet. Ich möchte mich auf den Außenstatus konzentrieren. Wir wollen zwar gegenüber dem anderen oft ein Gespräch auf Augenhöhe herstellen, genau genommen gelingt uns dies aber nie zu 100 Prozent. Wir sind dem anderen mal etwas überlegen, mal etwas unterlegen. Diese Über- beziehungsweise Unterlegenheit äußern wir in Mimik, Gestik, Stimme, Körpersprache.

Evas setzen das Statusdenken oft mit Machtdemonstration gleich und sind bei diesem Spiel oft unterlegen. Macht stört ihre Beziehungswelt. Sie lassen sich schneller unterbrechen, lenken häufiger ein, um die Beziehungen zu wahren. Und Adam hat von Kindesbeinen an gelernt, besser dazustehen als andere, daher „gewinnt" er bei dem Statusspiel häufig. Ein Spiel, bei dem einer immer gewinnt und einer immer verliert, ergibt im Geschäftskontext wenig Sinn, denn so geht das Potenzial einer Person komplett unter.

Evas haben schon begriffen, dass es wichtig ist, im Geschäftsleben nicht als Verlierer vom Platz zu gehen. Daher lernen sie beispielsweise mehr und mehr, sich nicht unterbrechen zu lassen und einfach weiterzureden. Auch wenn das gegen ihre Beziehungsorientierung geht.

Stellen Sie sich folgende Situation vor: Eva präsentiert in einem Meeting und ein Adam fällt ihr ins Wort.

Adam: Wo haben Sie denn die Informationen her? Die können ja gar nicht stimmen.
Eva: Die hat mir Herr Schönfeld gegeben.

Adam: Da hat Herr Schönfeld aber seine Daten nicht auf Vordermann gebracht.
Eva: Na, das kann ich jetzt nicht beurteilen.
Adam: Das sollten Sie aber beurteilen können.
Eva: Ja, aber ich gehe jetzt mal davon aus, dass der Kollege seine Daten kennt.
Adam: Ja, es wäre ja toll, wenn wir alle so gutgläubig durch die Welt laufen könnten.
Eva: Ich bin nicht gutgläubig.

Solche Dialoge gibt es in mehr oder weniger verschärfter Form immer wieder. Was passiert hier? Die beziehungsorientierte Eva lässt sich zunächst unterbrechen, dann will sie dem Kollegen Schönfeld nicht schaden, indem sie sich zu dessen Datenbeschaffung äußert, und dann beginnt sie sich zu verteidigen, indem sie auf den aggressiven und unsachlichen Vorwurf der Gutgläubigkeit eingeht. Für ihn ist die Sache ganz klar: Sie weiß nicht, wovon sie redet, sie ist nicht kompetent. Außerdem hat sie den Kampf in seinen Augen durch ihr Sichverteidigen verloren. Im Folgenden kann sie eigentlich sagen, was sie will, sie ist bei ihm in einer Schublade gelandet, aus der sie sich nur schwer wieder befreien kann. Sie hingegen findet in dem Moment überhaupt nicht, dass sie sich geschlagen gibt. Im Gegenteil: Sie wahrt den guten Ton und denkt tief in ihrem Innern über ihn, dass er ein ungehobelter, inkompetenter Klotz ist, der selbst nichts auf die Reihe bekommt. Allerdings wird diesen Gedanken niemand wahrnehmen. Während er glaubt, er hätte sie an die Wand gespielt, rüstet Eva sich zum subtilen Krieg. Nach der Präsentation wird sie dafür sorgen, dass über diesen Adam unschön gesprochen wird. Er wiegt sich noch in Sicherheit, aber hinter seinem Rücken wird eine ganze Armee mobilisiert, die nur darauf wartet, ihn zu demontieren.

Krawall-Eva wäre übrigens in dieser Situation sofort persönlich geworden, hätte ihn auf sein zynisches Verhalten vor versammelter Mannschaft angesprochen, hätte ihn somit bloßgestellt und wäre nicht besser aus der Situation hervorgegangen. Denn auch sie hätte nur reagieren und nicht agieren können.

Wenn Sie die Macht und Kontrolle über eine Situation haben wollen (und das sollten Sie, wenn Sie etwas präsentieren), ist es wichtig zu agieren, statt zu reagieren. Es gilt die Regel: Wer fragt, führt. Und es gilt eine weitere Regel: Körpersprache schlägt verbale Sprache. Egal ob Sie ignoriert, unterbrochen oder provoziert werden, es geht nicht darum, sich durch noch mehr Reden Aufmerksamkeit zu verschaffen. Adam hat weitaus weniger Worte als Sie und schaltet bei zu viel Redeschwall irgendwann ab. Es geht darum, akzentuiert zu reden, einen wichtigen Punkt auch einmal lauter und mit einer langen darauf folgenden Pause im Raum stehen zu lassen. Und noch viel wichtiger: Setzen Sie Körpersprache ein. Beanspruchen Sie Raum, wenn Sie gehört werden wollen. Präsentieren Sie niemals im Sitzen, stehen Sie auf, bewegen Sie sich auf die Person zu, die Sie stört oder provoziert. Für den anderen sind diese Körpersprachensignale und der Anspruch auf Raum eine Machtdemonstration, die ihn in seine Schranken weist.

 Eine Eva, die sich unterbrechen und vor versammelter Mannschaft vorführen lässt, muss nicht dumm sein. In ihrer Welt hält sie sich perfekt an die Regeln. In dieser Eva kann eine Menge Kompetenz stecken, die sie ebenso gut einsetzen kann, um Sie gezielt zu sabotieren, sollten Sie es mit Ihrer offenen Kritik übertreiben. Jede Frage, die auch nur annähernd ihre Kompetenz anzweifelt, gehört dabei in die Kategorie „Angriff". Stürzen Sie sich also nicht gleich auf jeden Fehler, den sie macht, und breiten Sie Kritik nicht vor versammelter Mannschaft aus. Eva kapituliert in keiner Weise vor Ihnen, wenn sie trotz Ihres Angriffs freundlich bleibt. Tief in ihrem Innern denkt sie gerade sehr böse Dinge über Sie, und das ist für kein Arbeitsverhältnis förderlich, zumal sie, wie wir später noch sehen werden, auch sehr nachtragend sein kann.

Für unsere Situation von eben kann dieses neue Verhaltensrepertoire bei Eva zu folgendem Verlauf führen:

Adam: Wo haben Sie denn die Informationen her? Die können ja gar nicht stimmen.
Eva: Was genau veranlasst Sie, diese Daten anzuzweifeln?
Adam: Das sieht von vorn bis hinten kunterbunt durcheinander aus.
Eva: *(bewegt sich ganz ruhig auf Adam zu, stellt sich direkt vor ihn und redet dann erst weiter)* Wenn wir das an dieser Stelle nicht konkret klären können, was genau an diesen Daten nicht stimmt, schlage ich vor, dass wir jetzt mit der Präsentation fortfahren und dies außerhalb des Meetings separat besprechen, okay, Herr Kollege?
Adam: Das können wir gern tun.

Was ist hier im Gegensatz zur vorherigen Situation geschehen? Eva hat die Frage mit einer Gegenfrage konterkariert. Wer fragt, führt, und wer W-Fragen stellt, führt noch mehr, denn die kann niemand mit einem „Ja" oder „Nein" abtun. Sie hat Körpersprache eingesetzt und inhaltlich keinen Zweifel an ihrer Kompetenz gelassen, ihm aber die Möglichkeit gegeben, gesichtswahrend aus der Situation zu gehen, da sie ihm angeboten hat, den Punkt separat mit ihm zu klären. Und sie hat ganz klar, aber wertschätzend ihre Grenzen aufgezeigt und verteidigt.

Adams beherrschen es übrigens perfekt, sich ihren Raum zu nehmen und damit einen Grundstein für ihre nachfolgenden Worte zu legen. Denken Sie daran: Körpersprache macht 55 Prozent der Wirkung aus. Stellen Sie sich doch einmal vor, Sie haben in einem Flugzeug den Mittelsitz: Wer gewinnt den Kampf um die Armlehnen in der Regel? Die Adams, und sie meinen es nicht böse, sie nehmen sich ihren Raum. Oder im Büroflur, wer weicht in einer Gruppe von Leuten als Erstes zur Seite, wenn jemand vorbeimöchte, Adam oder Eva? Es ist in der Regel Eva, denn sie hat das 360°-Radar, das herannahende Menschen überhaupt wahrnimmt, und Rücksichtnahme ist für sie oft ein starker Wert. Er hat genau genommen gar keine Chance zu reagieren, weil er es oft viel zu spät bemerkt, dass Eva auch ein Stück Armlehne möchte oder dass jemand vorbeiwill.

Beanspruchen Sie Ihren Raum. Setzen Sie sich im Flugzeug doch mal in die Mitte und okkupieren Sie beide Armlehnen. Ich habe mir mittlerweile einen Sport daraus gemacht. Ja genau, liebe Adams, ich bin das. Oder bleiben Sie einfach mal stehen, wenn jemand vorbeiwill, und warten Sie, bis er sich bewegt beziehungsweise der Herannahende sich bemerkbar macht. Ihren Beziehungen schadet das nicht. Im Gegenteil: Sie werden als weniger unterwürfig angesehen.

 Reflektieren Sie hier und da Ihren Raumanspruch und überlegen Sie, wie Sie Eva helfen können, Raum zu gewinnen. Achten Sie darauf, dass sie nicht abseits steht, sich räumlich klein macht und als Erstes ausweicht. Helfen Sie Ihr, in dieses Spiel reinzukommen, indem Sie sie hier und da einmal sanft an „Ort und Stelle schieben". Aber passen Sie auf, dass Sie nicht an Krawall-Eva geraten, denn wenn Sie die auch nur ansatzweise anfassen …

Probleme sind dazu da, gelöst zu werden

Nicht nur in Meetings und Präsentationen, sondern auch beim Problemlöseverhalten von Adam und Eva gibt es einige typische Muster. Der Unterschied besteht nicht nur darin, wann wir etwas als Problem ansehen und wann nicht. Dies haben wir bereits im vorletzten Kapitel behandelt, als es um das Verhalten nach dem Meeting ging. Der Unterschied besteht auch darin, ob wir es als *unser* Problem ansehen oder nicht. Dahinter stecken die Kompensationsstrategien, die wir uns im Laufe des Lebens für unsere eigenen Selbstzweifel angeeignet haben.

Situation 13
Wann ist ein Problem ein Problem und wie groß ist es?

Adam hat von klein auf gelernt, nicht an seinem Können zu zweifeln, sondern die Schuld bei anderen oder in den äußeren Umständen zu suchen. Wenn er eine Klassenarbeit verhaut, war sie entweder zu schwer, der Lehrer doof oder Adam zu faul. Aber er ist ein „Checker", das wird nicht infrage gestellt. Wenn Eva eine Klassenarbeit verhaut, wird sie getröstet. Dann heißt es zum Beispiel: „Mathe liegt dir eben nicht so" (impliziert: Du kannst es nicht). Außerdem tauscht sich die beziehungsorientierte Eva viel mehr mit Freundinnen über ihre Selbstzweifel aus. Der konkurrenzorientierte Adam würde die Hosen so nie runterlassen. Er hat gelernt, Selbstzweifel zu verdrängen, und sie hat gelernt, Selbstzweifel zu thematisieren.

Diese Art von Umgang mit dem Thema hat mit den eigentlichen dahinterliegenden Kompetenzen wenig zu tun, oder wie erklären Sie sich das, dass meistens Evas nach Klausuren laut weinen, sie hätten ja nichts gekonnt, aber am Ende doch die besseren Noten haben, wohingegen Adams ein super Gefühl haben und am Ende die schlechteren Noten.

Oder stellen Sie sich ein Computerproblem vor. Was sind typische Adam-Sätze? „Das ist ein Scheiß-Programm." Und was sind typische Eva-Sätze? „Ich bin zu blöd dazu." Und was sagt Krawall-Eva? „Das Programm ist von kompletten Vollidioten entwickelt worden."

Jetzt stellen Sie sich vor, Sie haben zwei Geschäftsführer eines Unternehmens, das seit Längerem mit hoher Fluktuation zu kämpfen hat. Sie können dieses Beispiel auf jede andere Situation übertragen, zum Beispiel ein Problem mit einem Kunden, ein Problem in der Zusammenarbeit mit einem Mitarbeiter etc. Ein Geschäftsführer ist Adam, ein Geschäftsführer ist Eva. Beide unterhalten sich über mögliche Gründe für die Fluktuation und suchen Lösungsansätze. Folgender Dialog wäre typisch:

Adam: Es ist, wie es ist, wir müssen damit leben, dass hier Leute kommen und gehen.

Eva: Haben wir denn einmal analysiert, seit wann dieses Fluktuationsproblem da ist und wodurch es ausgelöst wurde?

Adam: *(hasst diese Frage, denn er fühlt sich ertappt; er hat diese Analyse nicht gemacht und genau genommen weiß sie das, warum muss sie ihn also so vorführen?)* Da gibt es nichts zu analysieren, das war schon immer so, momentan vielleicht ein bisschen häufiger, aber diese Häufigkeit ist statistisch nicht relevant.

Eva: *(will erst einmal verstehen, hat eine Meinung, äußert sie aber noch nicht)* Was glauben Sie, woran es liegt?

Adam: Der Standort. Hier will eben keiner hin. Diese Stadt ist nicht so attraktiv.

Eva: Vielleicht fühlen sich die Leute auch in unserem Unternehmensklima nicht wohl. *(äußert eine klare Meinung als Vermutung)*

Adam: *(findet, dass sie spekuliert, ihm fehlen Fakten, und das Wort „vielleicht" zeigt ihm, dass sie nicht weiß, wovon sie redet)* Wir sind so ein cooler Laden mit so vielen Möglichkeiten. Wen interessiert da schon ein bisschen Klima.

Eva: *(resigniert, seine Großkotzigkeit nervt sie dermaßen, dass sie es für sinnlos hält, weiter zu argumentieren)* Hier kommen wir wohl nicht zu einer Meinung, lassen wir das Thema und sehen wir lieber zu, wie wir die Vakanzen füllen.

Adam: Genau. *(das passt gut zu seiner Zielorientierung, Probleme „lösen" durch Neueinstellungen liegt ihm mehr als Ursachenanalyse)*

Sie sehen an dieser Situation, dass die Ursachen der Personalfluktuation und eine nachhaltige Lösung des Problems umgangen wurden. Aus welchem Grund? Weil er möglicherweise einen Fehler hätte eingestehen müssen (Kompetenzverlust für Adam) und weil sie in einen Konflikt mit ihm hätte gehen müssen (Harmonie für Eva gestört).

 Auch wenn Evas ihre Bedenken vage formulieren und wenig greifbare oder mit Zahlen belegte Aussagen machen, wie zum Beispiel über das Unternehmensklima, versuchen Sie ihre Gedanken einzubeziehen und weiterzuentwickeln. So können Sie gesichtswahrend aus der Situation hervorgehen. Jede noch so kleine geäußerte Vermutung könnte ein Ansatzpunkt für eine bessere Lösung sein. Sie hat da einfach ein größeres Radar.

 Adams brauchen Fakten. Zu vage Formulierungen und zu viel „Ich fühle" schrecken sie ab. Ihre Intuition kommt sicher nicht von ungefähr und ist sehr wichtig, aber Sie sollten sie mit Fakten aufbereiten, damit er sie überhaupt annehmen kann. Wenn es diese Fakten nicht öffentlich gibt, erfragen Sie sie.

Mit diesem neuen Verhaltensrepertoire könnte das Gespräch wie folgt verlaufen:

Adam: Es ist, wie es ist, wir müssen damit leben, dass hier Leute kommen und gehen.
Eva: Ich habe einen möglichen Grund dafür identifiziert. Ich habe mit 20 Mitarbeitern aus verschiedenen Bereichen gesprochen. Teilweise gab es unterschiedliche Meinungen, aber ein Kommentar, den ich mindestens von zehn Personen gehört habe, war, dass das Klima bei uns sehr wettbewerbsorientiert ist. Diese Mitarbeiter haben mir mehrfach gesagt, dass sie sich

von ihren Vorgesetzten unter Druck gesetzt fühlen. *(liefert konkrete Fakten und spezifische Angaben, was an dem Klima nicht gefällt)*
Adam: Aha. Klima ist für mich ja eher ein schwammiger Begriff, aber vielleicht ist etwas dran. *(erklärt ihr, dass er dies anders sieht, signalisiert aber Offenheit für ihren Gedanken, ohne sich selbst verleugnen zu müssen)* Ich glaube ja eher, dass es an der Stadt liegt, hier will eben keiner hin. *(setzt seine eigene Vorstellung drauf)*
Eva: *(aufbauend auf seinem Argument, aber ebenfalls ihre eigene Meinung nicht verlierend)* Hm, das habe ich bisher noch nicht gehört, aber es könnte natürlich sein, und das sollten wir überprüfen. Wie wäre es, wenn wir unsere Vermutungen mal in einen anonymisierten Fragebogen packen und uns mehr Fakten schaffen?
Adam: Warum nicht? *(seine Art zu äußern, dass er die Idee gut findet)*
Eva: Okay, dann schreiben Sie mir doch mal alle Ihre Vermutungen, egal ob sie belegbar sind oder nicht. Wir brauchen schließlich ein paar Alternativen für die Abfrage *(gibt ihm Anerkennung und lockt ihn geschickt aus seiner Ecke, indem sie ihn um weitere Ideen bittet)*, und ich ergänze sie mit meinen Vermutungen und wir fragen das dann online unter allen Mitarbeitern ab. Dann ziehen wir unsere Fakten aus einer breiteren Basis.
Adam: *(das gefällt ihm – noch mehr Fakten schaffen)* Prima, sagen Sie, wenn ich da noch irgendwie zu beitragen kann. *(schafft ein positives Klima, für sie wichtig)*

Wenn wir bei unserem neuen Verhaltensrepertoire also alle Register ziehen, stellen wir zunächst einmal sicher, dass wir Probleme auf den Tisch legen und uns nicht mit dem Zweitbesten zufriedengeben, weil jemand (in diesem Fall Adam) das Problem unter den Tisch kehren möchte. Dies wiederum gelingt nur, wenn wir unsere Antennen auf Empfang schalten für die Ideen des anderen, sie mit Fakten versachlichen und den anderen immer gesichtswahrend aus der Situation herausgehen lassen: keine Vorwürfe, kein „Du hättest doch", keine Frontalfragen im Sinne von „Hast du mal darüber nachgedacht?". Reden Sie bei Vermutungen und Problemen immer eher davon, wie Sie es sehen, und lassen Sie dem anderen ein Hintertürchen offen.

Und manchmal werden Dinge zu Problemen, die vielleicht gar keine sind. Denn hinzu kommt ein weiterer Faktor. Eva ist eine Problem-Talkerin, sie redet gern über Schwierigkeiten. Das Reden stellt für sie Nähe her. Sie will damit signalisieren: Wir stecken da gemeinsam drin und wir helfen uns gemeinsam raus. Haben Sie mal eine Gruppe von Frauen abends beim Ausgehen beobachtet? Was da an Problemen gewälzt wird: die bösen Ehemänner, die pubertierenden Kinder, dumme Lehrer und eine überhaupt sehr ungerechte Welt. Wenn Evas über Probleme reden, wollen sie diese oft gar nicht lösen. Es tut einfach gut zu wissen, dass es anderen genauso geht. Es ist nicht so, dass die Probleme sie ungemein belasten würden, vielleicht sind es Kleinigkeiten, aber es tut einfach gut, mal drüber zu reden.

Für Adams ist dies völlig unverständlich. Sobald er ein Problem aufspürt, will er es lösen, am besten schnell und ohne großes Tamtam. Und wenn es kein wirkliches Problem ist, das heißt keine weitreichenden Konsequenzen hat, dann muss man es auch gar nicht erst thematisieren. Daher kann er Evas Motivation kaum verstehen und produziert sofort Lösungen, was sie wiederum auf die Palme bringt. Er gerät mehr und mehr unter Druck, weil er denkt, dass er das Problem lösen muss. Oder er wirft ihr vor, dass sie hysterisch ist, weil sie Dinge zu einem Problem macht, die doch gar keines sind. Er hat das Gefühl, dass sie selbst zu dumm ist, das Problem zu lösen, und schon hat er sie wieder in seine Inkompetenz-Box geräumt. Dieses Spiel wird in Paarbeziehungen, im Privatleben und am Arbeitsplatz seit Jahrzehnten gespielt. Verstanden haben wir es immer noch nicht, weil unsere Instinkte hier wohl so stark sind. Daher folgende Tipps:

Seien Sie ein echter Held und nehmen Eva einfach mal „verbal" in den Arm, wenn sie dauernd über Probleme redet. Oft möchte sie einfach nur Ihre Anteilnahme. Wenn Sie fürchten, missverstanden zu werden (und heute ist das für Männer wahrlich nicht einfach), dann formulieren Sie zunächst mal Ihre Anteilnahme im Sinne von: „Ich weiß, ich finde das auch nicht super. Da stecken wir jetzt drin. Wir kriegen das schon gelöst." Wenn Sie es schaffen, sich Ihren Lösungsvorschlag zu verkneifen, wunderbar. Wenn nicht, dann macht das gar nichts, solange Sie den Einstieg über die Anteilnahme wählen. Die Eva von heute erwartet keine Lösungen von Ihnen, so gut wie nie.

Er ist aufs Problemelösen programmiert. Erwarten Sie keine Anteilnahme. Wenn er in den Problemlösungsmodus geht, dann sagen Sie ihm klar, dass Sie momentan erst einmal Dampf ablassen wollen oder die Situation zu verkraften versuchen und dass Sie gern später in eine konstruktive Diskussion über die Problemlösung einsteigen. Machen Sie sich bewusst, dass Problem-Talking – auch wenn es befreiend für Sie ist – Sie persönlich und vor allem andere runterziehen kann. Daher limitieren Sie es zeitlich und freuen Sie sich auf den Problemlösungs-Talk mit Adam. Für die Sache bringt das am Ende viel mehr und stachelt vor allem nicht noch mehr Leute zum allgemeinen Weinen an.

Situation 14
Unterschiedliche Problemlösestrategien bei Adam und Eva
Haben sie nun ein Problem klar als Problem definiert, limitieren sich Adam und Eva oft gegenseitig in ihren Lösungsideen. Dies liegt wiederum an einem Missverständnis zwischen den Geschlechtern, was das Problemlöseverhalten angeht.

Wenn Eva ein Problem löst, beginnt sie laut zu denken. Erinnern Sie sich, dass in ihrem Gehirn alles vernetzt ist. Für Adam scheinbar planlos springt sie von einem Gedanken zum nächsten und bringt jeden davon verbal zum Ausdruck. Eva braucht diesen Austausch, sie wartet sogar auf Feedback, was sie zu weiteren Ideen bewegt. Jeder

Impuls, der jetzt in positiver Art in ihr Gedankenwirrwarr geschoben wird, fördert neue kreative Ideen zutage. Daher fragt sie auch oft möglichst viele Personen, um möglichst viele Perspektiven zu bekommen. Und sie streut immer wieder ihre Intuition ein, also blanke Vermutungen darüber, wie eine Lösung aussehen könnte.

Adam ist mit seinen Boxen an dieser Stelle komplett überfordert, er kann diesen Gedankensprüngen nicht folgen, weil er an Problemlösungen viel systematischer herangeht. Er erledigt einen Schritt nach dem anderen, was sehr zielführend ist, aber auch Lösungsmöglichkeiten am Wegesrand liegen lassen kann. Und was noch verschärfend hinzu kommt: Wenn Eva ihr Gedankenchaos über ihm auskippt, glaubt er in seinem Problemlösungsmodus, ihre Gedanken sortieren, ordnen, strukturieren und zu einer Lösung führen zu müssen. Für ihn ist das der pure Stress. Ihr Lautdenken empfindet er wieder als extrem inkompetent, weil sie so gar nicht zu wissen scheint, wo die Problemlösung liegen könnte. Er schaltet ab und ignoriert sie komplett. Mit dieser Frau kann man zu keiner Lösung kommen, die weiß ja nicht, wovon sie redet.

Ähnlich verhält es sich mit Evas Art, beim Lösen von Problemen ihre geliebten Fragen zu stellen. Sie will möglichst viele Informationen sammeln. Für ihn wirken diese Fragen wie ein Verhör, er glaubt, die richtige Antwort (die Lösung) geben zu müssen, und fühlt sich an die Wand gedrängt. Oder er denkt, dass sie fragt, weil sie überhaupt keine Ahnung hat. Durch die vielen Fragen und das „kreative Springen" von Idee zu Idee produziert Eva jedoch oft nachhaltigere Lösungen. Sie stürzt sich nicht auf die erstbeste Möglichkeit, sondern beleuchtet das Thema von allen Seiten, dadurch dringt sie tiefer in die Sachlage ein und spürt das Problem hinter dem Problem auf.

So sehr Eva den Austausch liebt, Adam treibt sie damit in den Wahnsinn. Denn er braucht beim Problemelösen seine Höhle, in die er sich zurückziehen kann. Er hat einen klaren Lösungsfokus, und wenn er sich auf etwas fokussiert, braucht er Ruhe. Er denkt gern erst einmal für sich nach und gibt den Problemen eine Struktur, bevor er sich mit anderen dazu austauscht. Auf Eva wirkt dieser Rückzug bestrafend. Adam grenzt sie aus, schneidet sie von seiner Gedankenwelt ab und gibt ihr somit das Gefühl, inkompetent und in der Diskussion nicht erwünscht zu sein. Ihr Harmonieempfinden und ihr Wunsch nach Miteinander sind gestört.

Und was noch viel schlimmer ist: Wenn er aus seiner Höhle herauskommt, hat er eine Lösung und ist nur noch wenig bereit, diese zu verändern. Viele Adams drücken ihre Entscheidungen nun durch, egal was kommt. In den Formulierungen sind sie ganz klar, sagen beispielsweise: „Die richtige Lösung ist …" Auf Evas wirkt dies so, als hätten die Adams die Weisheit mit Löffeln gefressen. Sie fühlen sich nun mit ihrer Meinung überhaupt nicht mehr erwünscht. Die meisten ziehen sich dann aus der Problemlösung zurück mit den Worten: „Meine Gedanken sind ja hier nicht gewünscht." Die penetrante Ausgabe der Eva versucht, sein vorheriges Schweigen zu interpretieren mit Äußerungen wie „Du denkst doch sicher auch, dass …", was für ihn wiederum ein unerlaubtes Eindringen in seinen Hoheitsbereich (seine Gedanken) darstellt. Oder sie bekommt diesen mütterlichen Zug und will ihm ungefragt helfen: „Ich sehe, dich beschäftigt das, lass uns doch einmal gemeinsam überlegen." Am liebsten würde er sich jetzt sofort wieder in seine Höhle begeben und den Eingang mit Brettern vernageln. Sie will ihm helfen, ohne dass er sie darum gebeten hat. Die Misere ist auf jeden Fall vorprogrammiert: Ab jetzt wird überhaupt nicht mehr in Lösungen gedacht, sondern nur noch Terrain verteidigt.

Bei der Lösungsfindung denkt Eva übrigens am Ende auch wieder viel darüber nach, wie das Team mit der Lösung funktioniert oder wie eine Zusammenarbeit mit der Lösung funktioniert, und weniger an das wirtschaftliche Ergebnis, wie er es tun würde. Aus diesem Grund ist sie in ihren Formulierungen vorsichtiger als Adam. Sie würde nie sagen: „Das ist die Lösung". Sie sagt eher: „Ich könnte mir vorstellen, dass diese Lösung funktioniert." Auf ihn wirkt dies oft zu vage und in seinen Ohren schwingen Zweifel mit.

Schauen wir uns einen typischen Dialog an:

Eva: Also, ich habe mehrere Erklärungen dafür, warum dieser Prozess nicht funktioniert hat, und ich habe auch mehrere Ideen für alternative Prozesse. Zunächst einmal fehlt ein Kommunikationsschritt zwischen der Logistik und dem Vertrieb, denn die Produkte waren ja nicht rechtzeitig da. Aber es

könnte natürlich auch sein, dass hier in der IT was schiefgelaufen ist. Vielleicht ist aber auch der Prozess richtig und
wir müssten die Termine noch einmal überarbeiten oder ...
*(denkt laut, generiert Ideen, springt von einem Punkt zum
nächsten und benutzt Konjunktive)*
Adam: *(mit der Informationsflut überfordert, hat wegen der
Konjunktive den Verdacht, dass sie nicht weiß, wovon sie redet)*
Stopp, stopp, stopp. Lassen Sie uns mal ein bisschen Struktur
in die Sache bringen, so kommen wir ja nirgendwo hin.
Eva: *(beleidigt)* Wenn das so einfach wäre, dann hätte ich
schon 'ne Lösung. *(empfindet, dass sämtliche ihrer Ideen nicht
gut sein müssen, er hätte doch wenigstens eine gute rauspicken
können)*
Adam: *(seine Höhle brauchend)* Ich würde mir das gern erst
noch einmal in Ruhe alleine ansehen, bevor wir hier wild
rumdiskutieren, und dann über Fakten und nicht über Eventualitäten reden.
Eva: *(ist sicher, dass in ihren Eventualitäten auch Fakten dabei
sind, empfindet seinen Rückzug als Ausgrenzung und will ihn
aus der Reserve locken)* Jetzt hauen Sie doch nicht einfach ab,
sagen Sie doch, was Ihre Ideen sind, woran es liegen kann.
(will Informationen sammeln)
Adam: *(empfindet die Frage als Verhör, glaubt, die richtige Antwort geben zu müssen, weicht daher aus)* Nee, ich will jetzt
nicht wild rumspekulieren, sondern erst einmal die Fakten
sondieren. *(steht mit dem Rücken an der Wand, er kommuniziert doch nur Lösungen und keine halb fertigen Sachen)*
Eva: Sie denken doch bestimmt auch, dass die Kommunikation da nicht stimmt, aber Sie denken wahrscheinlich auch,
dass wir die Logistikkette allein von der Produktmenge her
etwas überstrapaziert haben. *(Gedankenlesen)*
Adam: *(genervt)* Woher wollen Sie wissen, was ich denke?
Lassen Sie mich jetzt erst einmal in Ruhe das Ganze sondieren, dann reden wir weiter. *(verlässt den Raum)*
Einige Tage später:
Adam: Ich habe mir das angesehen. Die Lösung ist, dass der

Vertrieb die Zahlen nicht rechtzeitig ins System gebracht hat. Ich werde denen jetzt ein Interface einrichten lassen, so sollte es funktionieren.

Eva: *(überrollt von seinem Alleingang)* Aber woher wissen Sie, dass das die Lösung ist? Was sagt denn die IT dazu, ist das für die überhaupt machbar? *(hinterfragt gleich, wie die Lösung weitere Mitarbeiter beeinflusst; für sie ist das Ganze überhaupt nicht durchdacht, aber sie akzeptiert, dass sie ausgegrenzt wurde)*

Adam: Das ist mir egal, was die IT dazu sagt. Die müssen es einfach machen. Da führt kein Weg dran vorbei.

Er stellt seine Lösung nicht mehr infrage, lässt keine Kritik von anderen zu und drückt seine Lösung jetzt durch, obwohl ihre Bedenken berechtigt sein könnten und sie möglicherweise nach Rücksprache mit der IT wieder bei null anfangen, um das Folgeproblem zu lösen.

Dass dieser Zustand nicht optimal ist, versteht sich von selbst. Wir vertagen oft Entscheidungen oder wichtige Schritte, weil es in unserer Kommunikation klemmt, weil wir Erwartungen an uns selbst und an andere haben, die in einem bestimmten Moment nicht erfüllt werden, und dann machen wir die Türen zu unserem eigenen Schutz erst einmal zu.

 Ihr verbaler Schwall beim Lautdenken überfordert Adam. Versuchen Sie im Vorfeld zu einem Problemlösungsgespräch bereits Fakten zu besorgen, mit denen Sie Ihre Gedanken untermauern können. Nummerieren Sie Ihre Gedanken, damit es nicht so aussieht, als stolperten Sie zufällig von einem zum nächsten. Kommunizieren Sie ganz klar Ihre Erwartungen an Adam, zum Beispiel: „Ich habe in verschiedenste Richtungen gedacht und will Ihnen meine Ideen in 2–3 Minuten darlegen, dann haben wir viele Anhaltspunkte und können den Lösungsweg gemeinsam mit Ihren Ideen konkretisieren." So weiß er, dass er keine Lösungen produzieren muss, sondern dass Sie nur Hintergrundinformation geben. Vermeiden Sie zu viele Konjunktive und stellen Sie das Gedankenlesen ein. Geben Sie ihm bei einem Problem Zeit, sich zu sortieren, denn wenn er einmal zumacht, war es das. Dann liegt vor seiner Höhle ein Stein.

 Wenn Eva laut denkt oder viele Fragen stellt, ist sie nicht zwangsläufig planlos oder unsicher. Sie will Sie auch nicht dumm aussehen lassen, sondern möglichst viele Informationen sammeln und Ihnen signalisieren, dass Sie das Problem gemeinsam lösen können. Zeigen Sie Ihr also zunächst einmal nur, dass Sie ihr zuhören. Wenn Sie partout nicht über ein Problem reden wollen, sagen Sie ihr freundlich, dass Sie Zeit brauchen. Sie müssen ihre Gedanken nicht ordnen, das erwartet sie nicht von Ihnen. Ziehen Sie sich nicht dauerhaft in Ihre Höhle zurück, wagen Sie den Schritt vor den Höhleneingang. Hören Sie aufmerksam zu und seien Sie offen für andere Ideen als Ihre eigenen, auch wenn Eva die Tendenz hat, im Konjunktiv zu formulieren, und daher wenig überzeugend klingt. Evas haben durch ihr 360°-Radar manchmal Lösungen auf dem Schirm, an die Sie im Traum nicht gedacht hätten. Und diese Lösungen können Sie wunderbar zielorientiert und strukturiert weiterentwickeln. Bei der Entscheidung für eine Lösung braucht Eva sogar bisweilen Ihre Hilfe, weil sie aus ihrem Datenchaos nicht mehr allein aussteigen kann. Helfen Sie ihr, Lösungen weiterzuentwickeln, und trauen Sie sich, auch halb fertige Lösungen zu akzeptieren. Akzeptieren Sie vor allem ihr kritisches Hinterfragen der Umsetzbarkeit Ihrer Lösungen. Evas fördern mit ihrem Gespür oft die Schwachpunkte zutage. Nehmen Sie diese wohlwollend an und bauen Sie sie gleich in Ihren weiteren Lösungsweg mit ein.

So könnte der Dialog von vorhin mit unseren neuen Ressourcen aussehen:

Eva: *(hat ihm im Vorfeld Zeit für die Höhle gegeben)* Wir haben letzte Woche schon darüber gesprochen, dass der Prozess nicht funktioniert hat, und Sie wollten ja noch einmal alles in Ruhe überdenken. Ich habe auch nachgedacht. Mir sind verschiedene Gründe in den Sinn gekommen. Ich zähle die mal in 2 Minuten auf, ohne dass wir sie jetzt bewerten müssen. *(Signal an ihn, dass er nichts lösen muss)* Dann legen wir Ihre Vermutungen daneben und schauen nach Gemeinsamkeiten, okay? *(definiert den Prozess)*

Adam: Okay.

Eva: Ich habe fünf Erklärungen, warum der Prozess nicht funktioniert hat: 1. Zwischen der Logistik und dem Vertrieb fehlt ein wichtiger Kommunikationsschritt. 2. Die Termine waren zu eng und nicht mit der Logistik abgestimmt. 3. Der Prozessschritt war in der IT nicht richtig abgebildet. 4. Die Logistik hat sich bei ihrer Zusage zu weit aus dem Fenster gelehnt und konnte den Prozess gar nicht sauber abbilden, oder 5. Der Lieferant war nicht informiert. Was ist Ihnen noch an Ideen gekommen?

Adam: Das sind eine Menge Ideen, prima. *(zeigt Anerkennung)* Das mit dem Lieferanten und den Terminen sehe ich genauso, das waren auch meine ersten Gedanken. *(kann gesichtswahrend nochmals seine Punkte einbringen)* Noch viel stärker liegt es für mich aber in der Mengenprognose begründet. Die Mengen, die wir ursprünglich mal ins System gegeben haben, waren viel zu gering und mit dieser Zahl haben alle gearbeitet. *(bringt zum krönenden Abschluss eine weitere, eigene Lösung).*

Eva: Das ist natürlich ein gravierendes Argument. Da haben Sie recht *(gibt ihm Anerkennung für seine Idee)* Und dann war nicht nur der eine Schritt in der IT nicht richtig abgebildet, sondern die ganze Basis, was wiederum erklärt, warum der Lieferant möglicherweise die falschen Zahlen hatte. *(nimmt seine Idee auf und verknüpft sie dank ihres 360°-Radars mit ihren Ideen)*

Adam: Das heißt, das Wichtigste ist zunächst, die Mengenprognose im System regelmäßig zu korrigieren *(kommt auf seine Idee zurück, denn er will gern recht haben)*, und dann …

wie geht es weiter? *(spielt den Ball zu ihr, damit sie ihn mit den weiteren Punkten verknüpfen kann und weitere potenzielle Fehlerquellen ausgeschaltet sind)*
Eva: Dann muss die IT sicherstellen, dass diese Zahl an der Schnittstelle zur Logistik und zum Vertrieb im System ist und automatisch eine Information an den Lieferanten rausgeht. Haben wir noch irgendwas übersehen? Gibt es noch einen Punkt von Ihrer Seite? *(Frage zu Informationszwecken, aber ohne dass er sich verhört fühlt)*
Adam: Nein, das passt so. So kann der Fehler nicht mehr passieren, Problem gelöst.

In diesem Beispiel leben beide Seiten ihre Stärken aus: Adam im Fokussieren, Strukturieren und Verdichten von Möglichkeiten und Eva im Aufbringen von Ideen, im Verbinden der Lösung mit anderen Faktoren und im Prozess-Etablieren. Beide haben Frontalangriffe vermieden und stattdessen die Argumente des anderen wertschätzend aufgenommen und weiterverarbeitet. Eva hat Konjunktive vermieden und Adam hat sie nicht durch absolute Aussagen ausgegrenzt, sondern in seinen Lösungsprozess integriert. Schlechte Lösungen oder Ideen wurden durch diesen Prozess automatisch aussortiert und mussten gar nicht weiter thematisiert werden. Das bessere und nachhaltigere Ergebnis, das wahrscheinlich auch keine Folgeprobleme aufwirft, erhalten die beiden also, wenn sie einen klaren Prozess einhalten – 1. Lösungen auf den Tisch legen, 2. verdichten, 3. entscheiden – und jeder sich in diesem Prozess mit seinen Stärken einbringt.

Situation 15
Innovationsfindung, Brainstormings
Wir haben gesehen, dass Eva durch ihr vernetztes Denken und ihre Intuition viele und umfassende Lösungsvorschläge für Probleme liefern kann. Dies kommt ihr auch im klassischen betrieblichen Innovationsmanagement oder bei Brainstormings zugute. Ihre Ideen basieren dabei nicht nur auf Zahlen, Daten und Fakten, sondern auch auf Rückmeldungen von Kunden, Freunden, Kollegen. Wenn es darum geht,

ihre Vorschläge zu äußern, steht sie allerdings oft in der zweiten Reihe. Woran liegt das? Eva ist durch ihr starkes Prozessdenken recht detailverliebt. Sie denkt sämtliche Vorschläge von vorn bis hinten durch, wobei sie unweigerlich auf Schwachpunkte stößt. Und prompt erwähnt sie ihre Idee lieber gar nicht mehr. Während sie sich beim punktuellen Problemelösen traut, ihre unsortierten Ideen in die Runde zu werfen, tut sie es bei größeren Brainstormings oder komplett neuen Ideen nicht mehr. Die Fragestellung ist meist weniger konkret und sie entdeckt sofort viel mehr Schwachstellen. Außerdem ist sie häufig gehemmt, wenn Adams im Raum sind, die mit ihrem strukturierten Denken das Brainstorming dominieren.

Adams Ideen basieren mehr auf harten und belastbaren Fakten: Ein Umsatzrückgang hier, ein Umsatzzuwachs beim Wettbewerber da, Reklamationsstatistiken etc. Hat sich eine Idee in seinem Kopf erst einmal festgesetzt, hat er den typischen Tunnelblick. Er stürmt sofort in Richtung Umsetzung los und blendet viele Eventualitäten und Risiken aus. Er ist lösungsorientiert und möchte im Konkurrenzumfeld gut dastehen. Seine Idee nicht zu äußern, auch wenn er um ihre Schwächen weiß, käme einem Nichtantreten zum Wettkampf gleich. Diese Blöße würde er sich nicht geben. Vorgebrachte Ideen kommentiert er gern in Grund und Boden, damit seine eigenen Vorschläge besser dastehen.

 Auch wenn Ihre Ideen Schwachstellen haben oder in Ihren Augen noch nicht bei 100 Prozent sind, äußern Sie sie unbedingt. Weiterentwickeln und verfeinern kann man sie immer noch oder schlimmstenfalls auch streichen. Aber Sie sollten im Wettkampf sichtbar sein, sonst denkt Adam, Sie haben keine Ahnung, keine Meinung, kein Konzept. Durch Schweigen bringen Sie Ihr Unternehmen außerdem um eine wichtige Quelle, nämlich Ihre weibliche Intuition. Gerade in der Ideenfindung sind Ihre Gedanken unerlässlich. Bitten Sie sich aus, dass alle Ideen angehört und nicht sofort bewertet werden.

Seien Sie sich bewusst, dass Eva in ihrem vernetzten Gehirn viele Ideen hat, auf die Sie gar nicht gekommen wären. Lassen Sie diese Potenziale nicht ungenutzt und ermutigen Sie Eva zum Äußern ihrer Ideen, zum Beispiel durch gezielte Fragen wie „Welche Vorschläge hätten Sie, Eva?" Kommentieren Sie im Anfangsstadium eines Brainstormings auf keinen Fall die vorgebrachten Ideen. Fokussieren Sie sich auf Ihre Stärke, das Verdichten und den Machbarkeits-Check. Vermeiden Sie Problemlösefragen wie zum Beispiel „Und wie soll das funktionieren?", denn damit bestätigen Sie Eva in ihren Selbstzweifeln.

 Nutzen Sie die Stärken von Adam und Eva. Legen Sie Ablaufregeln fest wie zum Beispiel: 1. „Jeder Teilnehmer *muss* zwei Ideen zu Papier bringen". So ist sichergestellt, dass das Potenzial der oft schweigenden Evas nicht verloren geht. 2. „Die Ideen mit Zahlen, Daten, Fakten belegen." So kann Adam seine Stärke in der Lösungsverdichtung und Strukturierung einbringen.

Ein weiterer Unterschied liegt darin, wie Adam und Eva Ideen äußern. Von ihm kommen Aussagesätze mit klarer Ich-Botschaft, sodass die Idee ihm eindeutig zugeordnet werden kann, wie: „Ich finde, dass jeder Vertriebsmitarbeiter einen Gesprächsleitfaden mit sich führen muss." Oder er klassifiziert seine Idee gleich als besonders gut und verwendet eine wettbewerbsorientierte Sprache, zum Beispiel: „Die beste Lösung ist ein vorstrukturierter Gesprächsleitfaden für jeden Vertriebsmitarbeiter." Da er gern recht haben und gewinnen will, verträgt er an dieser Stelle Kritik sehr schlecht. Ein „Wer sagt denn, dass das die beste Lösung ist?" empfindet er als Schlag ins Gesicht. Er möchte Bestätigung für die Genialität seiner Idee.

Eva tarnt ihre Ideen oft hinter Fragen und Konjunktiven. Sie will sich nicht aufdrängen, sondern möchte, dass möglichst viele Mitarbeiter ihre Punkte äußern können (Beziehungsorientierung). Daher formuliert sie so, dass noch Platz für weitere Ideen ist, zum Beispiel: „Man könnte den Vertriebsmitarbeitern ja auch Gesprächsleitfäden an die Hand geben." Man könnte, man muss aber nicht, und andere Vorschläge sind willkommen. Auf Adam wirkt eine derartige Formulierung unsicher. Er denkt wieder einmal, dass sie ihre Idee selbst nicht so prickelnd findet, sonst würde sie diese ja klarer äußern. Noch extremer ist die Diskrepanz, wenn Eva ihre Idee als Frage formuliert, zum Beispiel: „Könnte man nicht jedem Vertriebsmitarbeiter ein Art Gesprächsleitfaden an die Hand geben?" Sie will durch die Frage signalisieren, dass die Idee vielleicht noch nicht ganz durchdacht ist und dass sie sich über die Meinungen und Perspektiven anderer dazu freuen würde. Und er denkt wieder, dass sie so unsicher ist, dass sie sogar fragen muss, ob ihre Idee überhaupt Sinn hat. Kein Wunder, dass viele ihrer Ideen, so geäußert, unter den Tisch fallen und womöglich fast immer Adams Ideen umgesetzt werden.

In der Praxis sieht das häufig so aus:

Adam 1: Wir wollen heute entscheiden, wie der Vertrieb noch mehr Umsatz machen kann. Dazu sammeln wir Ideen.

Eva 1 *(schweigt, will warten, bis alle Adams ihre Meinungen geäußert haben, diese ergreifen schnell das Wort und die Initiative, denn es ist Showtime für den wettbewerbsorientierten Adam, während die beziehungsorientierte Eva erst einmal alle zu Wort kommen lässt)*

Adam 2: Ganz klar, die brauchen einen Gesprächsleitfaden, damit die sich nicht dauernd abwimmeln lassen, diese Weicheier. *(lösungsorientiert, konkurrenzorientiert, es ist klar, dass seine Lösung die beste ist)*

Adam 3: Nein, wir müssen mal mitfahren und denen beim Verkaufen über die Schulter gucken. Die lassen sich viel zu leicht einschüchtern.

Adam 4: Und dann? Ihnen vor dem Kunden zeigen, wie es geht, nee nee nee … Ich bin dafür, dass sie mal eine vernünftige Vertriebsschulung bekommen mit so richtig handfesten Verkaufsargumenten. *(es wird bereits jetzt abgewertet, was nicht funktioniert, Konkurrenzorientierung pur)*

Eva 2: Könnte man nicht eventuell erst einmal die Vertriebsmitarbeiter befragen, woran es in ihren Augen liegt, dass sie neuerdings so schlecht verkaufen? Vielleicht haben wir ja etwas übersehen? *(ihr 360°-Radar sagt ihr, dass man erst ein-*

mal die Betroffenen fragen sollte; ihr Vorschlag ist als Frage formuliert)

Adam 4: *(muss im Wettbewerb seine Idee verteidigen, „erst einmal befragen" klingt für ihn nach „Ich habe keine Ahnung")* Nee, lassen Sie mal gut sein, so ein Blödsinn, die erzählen Ihnen doch dann wieder einen von „Der Markt ist hart geworden".

Adam 3: Ja genau, am besten ist wirklich – wie ich eben schon gesagt habe –, wir zeigen denen mal beim Kunden, wie es geht, indem wir die Gespräche selbst führen. *(ihm ist klar, dass seine ursprüngliche Idee „Über die Schulter gucken" war, aber er hat nach dem Feedback von Adam 4 verstanden, dass sie so nicht realisierbar ist. Da schwenkt er fix um auf „Gespräche selbst führen", denn er will gewinnen)*

Eva 3: *(hat bisher geschwiegen, weil sie ihre Idee nicht für gut genug hält, aber die Idee von Adam 3 gefällt ihr auch nicht, zickig)* Was soll denn das bringen? Davon lernen sie es doch auch nicht selbst.

Adam 2: *(unterstützt jetzt Adam 4, denn nach so einer Zweifelattacke von Eva müssen Adams zusammenhalten)* Doch klar, jeder lernt, wenn er was vorgemacht kriegt. Lassen Sie uns das machen. Ab der nächsten Woche fahren wir mit. Alle einverstanden?

Adam 1–4: Ja.

Eva 1–3: *(resigniertes Schweigen)*

Ob hier wirklich die beste Lösung gewonnen hat, ist zweifelhaft, am Ende standen Machtspielchen im Vordergrund. Wie hätte diese Situation besser laufen können?

 Formulieren Sie Ihre Ideen und Vorschläge als klare Ich-Botschaften ohne Fragezeichen und Konjunktive. Es macht nichts, wenn Ihre Idee noch nicht perfekt ist, aber sie muss für Adam nach einer relevanten Möglichkeit klingen. Sagen Sie ihm nicht vor versammelter Mannschaft, wenn Sie seine Idee für schlecht halten. Sie können in diesem Fall einfach gar nicht mehr auf seine Idee eingehen – oder diese nehmen und mit Ihren Gedanken weiterentwickeln. Gönnen Sie ihm einen kleinen Sieg. „Weinen" Sie nicht, wenn Ihre Idee nicht angenommen wurde.

Seien Sie sich bewusst, dass Evas Ihr Größer-Schneller-Weiter-Spiel nervt und teilweise sogar davon abhält, wertvolle Lösungs-beiträge hinzuzufügen. Stellen Sie Ihr Wettbewerbsdenken zurück und öffnen Sie sich für weitere Ideen. Wenn Eva Ideen als Frage oder als Konjunktiv formuliert, sehen Sie diese als gleichwertig an. Sie können das beispielsweise signalisieren, indem Sie sämtliche Ideen auf ein Flipchart schreiben, egal ob als Aussage, ultimative Lösung oder Frage. Wenn Sie von einer Eva-Idee inspiriert sind, dann sagen Sie das. Sie können sich auch wunderbar darüber profilieren, wie Sie eine Idee weiter-entwickeln.

Wie sieht unser kleines Meeting nun mit den neu dazugewonnenen Ressourcen aus?

Adam 1: Wir wollen heute entscheiden, wie der Vertrieb noch mehr Umsatz machen kann. Dazu sammeln wir Ideen.
Eva 1: Ich finde, wir haben noch gar nicht genau genug ver-standen, warum sie in letzter Zeit weniger Umsatz machen. Ich bin dafür, dass wir sie erst einmal befragen, woran es in ihren Augen liegt. *(bringt ihren Gedanken früh, denn sie weiß, dass er viele andere Meinungen im Raum infrage stellen kann. Außerdem will sie früh sichtbar werden)*
Adam 3: Ich war ja mal bei ein paar Gesprächen dabei. Sie las-sen sich viel zu leicht einschüchtern, sie müssen selbstbewuss-ter beim Gespräch auftreten.
Eva 2: Ich bin überzeugt, dass sie dieses Selbstbewusstsein ver-loren haben, seit das Wettbewerbsprodukt auf dem Markt ist, seitdem sind sie mit ganz anderen Argumenten konfrontiert. *(sie baut auf seinem Argument auf, das tut ihm gut)*

Adam 2: Interessanter Gedanke. Ich finde auch, dass sie sich zu leicht abwimmeln lassen. Und das liegt sicher an dem Wettbewerbsprodukt. Lassen Sie uns mal weiter sammeln. *(geht ans Flipchart)* Jeder mit einem Satz, am besten reihum. *(etabliert eine Regel, begrenzt die Redezeit, um Gleichwertigkeit herzustellen)*

Eva 2: Also wir sollten sie befragen, was sich verändert hat und warum sie selbst glauben, dass sie plötzlich weniger verkaufen.

Adam 3: Wir müssen mitfahren und denen mal ein gutes Gespräch vormachen.

Eva 1: Vielleicht sollten wir sie bitten, ein Gespräch vom Verlauf her zu protokollieren, mit Schlüsselsätzen, die gefallen sind und so. Was meinen Sie? *(im ersten Gespräch hat sie sich am Ende gar nicht mehr geäußert, weil das Gespräch in eine von ihr unerwünschte Richtung lief. Jetzt weiß sie, wie wichtig es ist, ihre Idee früh genug zu bringen)*

Adam 2: Schreiben wir so auf, wer kommt als Nächstes? *(obwohl die Idee vage und als Frage formuliert ist, notiert er sie und setzt den etablierten Prozess fort, ihre Frage nach einer Meinung übergeht er)*

Adam 4: Ich bin für eine Vertriebsschulung mit handfesten Verkaufsargumenten.

Eva 3: Weiß nicht so recht. Vielleicht mal ein Sondertraining zum neuen Wettbewerbsprodukt und wo wir besser sind oder so.

Adam 2: Und ich denke, sie brauchen einen Gesprächsleitfaden, der die wesentlichen Gegenargumente ausbremst. Da fand ich den Ansatz von Eva 1 schon wichtig, dass sie protokollieren, wie es jetzt läuft, damit wir dann eine Alternative vorgeben können. *(er baut auf ihrem Gedanken auf, führt ihn weiter im Lösungsmodus)*

Adam 1: Wir müssen einen Verkaufswettbewerb mit Incentives machen. Wer als Erstes mehr verkauft als der Wettbewerber in seinem Bezirk, gewinnt eine Reise.

Adam 2: Super, jetzt haben wir alles gesammelt. Schauen wir

es uns an. Wir haben einige konkrete Vorschläge und auch ein paar offene Fragen.

Adam 1: Genau, bevor wir die Maßnahmen wie zum Beispiel Verkaufswettbewerb entscheiden, sollten wir den Vertrieb in der Tat noch befragen. Gute Idee, Eva. *(hält an seinem Verkaufswettbewerb fest, stellt ihn aber aufgrund der offensichtlich zu klärenden Fragen hintenan; ohne Evas wäre die Befragung des Vertriebs nicht auf die Agenda gekommen; er zeigt ihr, dass ihre Idee gut war)*

Eva 2: Ich werde eine Liste mit Fragen ausarbeiten.

Adam 4: Ja, lassen Sie uns das so machen, wir fragen sie und entwickeln dann gezielte Trainingsmaßnahmen, Leitfäden oder Incentives. *(hält an allen Ideen fest, hat seine Idee aufgeschoben, aber nicht verloren, kann also gesichtswahrend aus der Situation gehen)*

Adam 2: Sind alle damit einverstanden?

Allgemeine Zustimmung, aktiv geäußert durch Nicken von Adams und Evas.

Durch die aktive Ansprache der Evas und durch die Öffnung der Adams für andere Ideen als die eigenen sind nicht nur mehr und kreativere Ideen auf den Tisch gekommen. Vielmehr hat der respektvolle Umgang ohne Wertung und ohne direkte Angriffe es möglich gemacht, dass sich jeder als Gewinner sehen kann, weil seine Idee noch im Raum steht und von jeder Idee einzelne Elemente in die Gesamtlösung integriert werden können. Egal welche Maßnahme am Ende durchgeführt wird, sie wird jetzt durch die zusätzliche Befragung in einer höheren Qualität stattfinden.

So notwendig wie anstrengend – der Konflikt

Konflikte am Arbeitsplatz gehören zum Geschäftsleben. Viele wären allerdings vermeidbar und führen zu nichts, weil es statt um die Sache um Machtspiele und Rechthabereien geht. Lesen Sie, wie Sie solche Konflikte verhindern, aber notwendige austragen, Lösungsstrategien finden und hinterher erhobenen Hauptes „Sorry" sagen können.

Situation 16
Konflikte verhindern

Schauen wir uns zunächst die Entstehung von Konflikten an. Durch ihr 360°-Radar gelingt es vielen Evas, Konflikte zu spüren, die erst im Anmarsch sind. Während Adam auf das Thema und die Sache fokussiert ist, nimmt Eva auch Zwischentöne, Körpersprache, Mimik und Gestik wahr und interpretiert diese. Sie verfügt ja nicht nur über mehr verbale, sondern auch über mehr nonverbale Vokabeln als er. Und wenn ich in einer Fremdsprache mehr Vokabeln kenne als andere, dann schnappe ich automatisch mehr auf. Dank ihrer Empathie holt Eva Mitarbeiter dort ab, wo sie stehen. Sie kann sich gut in andere Menschen hineinversetzen und deren Voreingenommenheiten und Bedenken spüren. Häufig kann sie so die Entstehung eines ernsthaften Konflikts verhindern, vorausgesetzt, sie thematisiert ihre Empfindungen.

Und hier haben wir die erste Schwierigkeit. Viele Evas haben sich so angepasst an die vermeintliche Männerwelt im Geschäftsleben, dass sie ihre Wahrnehmungen nicht mehr äußern, aus Sorge, unsachlich oder hysterisch rüberzukommen. Und teilweise übertreibt Eva auch und sieht in der Tat Konflikte, wo keine sind. Dann sind ihre Sensoren zu fein eingestellt und ihr Fokus zu sehr auf die Problemorientierung gerichtet. An dieser Stelle kann der eher lösungsorientierte Adam sehr gereizt reagieren. Möglicherweise schürt sie hier einen Konflikt, der gar nicht hätte entstehen müssen. Wenn sie sich zu emotional und vage äußert, versteht er ihre Sprache nicht. Und wenn er etwas nicht versteht, verliert er die Kontrolle über eine Situation. Dies ist für ihn ein untragbarer Zustand. Außerdem fühlt er sich in seiner Lösungs- und Ergebnisorientierung angegriffen, denn Konflikte halten den Weg zum Ziel auf jeden Fall auf. Hinzu kommt, dass sie die Lösungsorientierung bei ihm als Einzelkämpfertum wahrnimmt. Während er versucht, wieder auf eine Sach- und Lösungsebene zu kommen, fühlt sie sich ausgegrenzt und findet, dass er einfach „sein Ding durchzieht", dabei versucht er nur, wieder auf für ihn sicheres Terrain zu kommen.

Stellen Sie sich folgende Situation vor: Eine Projektgruppe voller Adams und Evas nach 30 Minuten ergebnisloser Diskussion.

Eva: Ich habe den Eindruck, dass wir nicht an einem Strang ziehen.

Adam: Was soll das heißen?

Eva: Nun, wir diskutieren hier seit 30 Minuten ohne Ergebnis.

Adam: *(leicht zynisch, als ergebnisorientierter Mensch ist diese Frontalkritik für ihn unter der Gürtellinie)* Das ist mir durchaus auch aufgefallen, und was schlägt Miss Ich-Hab-Da-So'n-Eindruck jetzt vor?

Eva: *(eingeschnappt über den Zynismus, der ihre Beziehungsorientierung stört)* Sie brauchen mich gar nicht so anzumachen, ich kann auch nichts dafür, wenn hier alle um den heißen Brei herumreden. Davor kann man die Augen zumachen, man kann aber auch hingucken.

Adam: Ja, und man kann es auch dramatisieren. Können wir jetzt mal zur Sache zurückkommen? *(mit dem Emotionsausbruch überfordert, will in seine Ebene, die Sachebene zurück)*

Eva: *(spürend, dass er ebenso unzufrieden ist)* Gern, aber Sie können ruhig auch mal zugeben, dass Sie mit dem Ablauf dieses Meetings nicht happy sind. Das würde allen echt helfen. *(versucht ihn zu belehren, wie er sich verhalten soll)*

Adam: *(mit dem Rücken zur Wand)* Ich glaube, es ist jetzt mal genug Problem-Talking. Zurück zur Agenda.

Eva: *(schweigt resigniert über den Einzelkämpfer Adam, der seinen Punkt durchboxt, ohne ihre Bedenken zu würdigen)* Das Meeting läuft genauso unproduktiv weiter wie vorher.

Schalten Sie Ihr Frühwarnsystem nicht aus falscher Scheu ab. Behalten Sie Ihre Antennen auf Empfang und beobachten Sie die Situation aufmerksam und kritisch, bevor Sie den Konflikt thematisieren. Wenn Sie den Konflikt thematisieren, beziehen Sie sich auf Fakten wie eindeutige Verhaltensweisen oder getroffene Aussagen. „Ich habe da so ein Gefühl …" versteht Adam nur schwer. Machen Sie sich Ihre Empathie zunutze und holen Sie ihn da ab, wo er steht, bei seiner Ergebnisorientierung. Versuchen Sie nicht, ihn zu erziehen, er kann Ihre Wahrnehmung und Ihre Empathie nur begrenzt lernen.

 Fühlen Sie sich von Evas Intuition und Gefühlsäußerungen nicht angegriffen. Fragen Sie sich kritisch, ob hier vielleicht wirklich gerade ein Konflikt entsteht, und nutzen Sie Ihre Lösungsorientierung, um den Prozess in zielführende Bahnen zu lenken. Stellen Sie ihr klärende Fragen, die Fakten schaffen, zum Beispiel: „Woran machen Sie Ihren Eindruck fest?" Machen Sie sich auf keinen Fall über ihre Gefühlsäußerungen lustig. Wenn Sie finden, dass sie übertreibt, bieten Sie ihr an, dies unter vier Augen nach dem Meeting zu thematisieren, und bitten Sie freundlich um Rückkehr zur Tagesordnung.

Die vorhin skizzierte Situation kann mit unserem neuen Verhaltensrepertoire nun in zwei Richtungen verlaufen. Variante 1 wäre, wenn Evas Bedenken ausgeräumt werden können:

> Eva: Ich höre, dass Herr Maier Alternative A bevorzugt, Frau Müller Alternative B und Herr Schmidt Alternative C. Allerdings sind die Alternativen sehr verschieden und in meinen Augen nicht kompatibel. Wir ziehen hier nicht an einem Strang. *(macht ihr Gefühl an Fakten fest)*
> Adam: *(überdenkt kurz ihren Einwand)* An einem Strang ziehen bedeutet doch, ein gemeinsames Ziel zu haben. Was wollen wir denn am Ende erreichen? *(nimmt ihre Begrifflichkeit auf und bringt sie durch Fragen auf eine Sachebene zurück)*

Eva: Nun, wir wollen doch alle, dass am Ende mehr Umsatz herausspringt, oder?
Adam: Genau, das sehe ich auch so, es geht um Umsatz. Das ist für mich der gemeinsame Strang und es gibt mehrere Wege, dahin zu kommen. Lassen Sie uns die Alternativen doch als diese Wege betrachten und alle auf den Tisch bringen. Wir können darüber auch nach dem Meeting noch einmal sprechen, nur würde ich jetzt gern weitere Alternativen generieren, denn die bringen uns zu einer Lösung. *(baut auf ihren Äußerungen auf und kommt in den Lösungsmodus zurück)*
Eva: Okay. *(sieht, dass das Ziel nicht in Gefahr ist, hat aber die Aussicht, noch einmal über ihre Bedenken zu reden)*
Das Meeting läuft plötzlich viel produktiver weiter, weil allen klar ist, dass sie auf dem Weg zu einem gemeinsamen Ziel sind, dem die unterschiedlichen Alternativen nicht entgegenstehen.

Das gemeinsame Ziel war hier der Kernpunkt, um die Bedenken auszuräumen. Wenn Evas Bedenken absolute Berechtigung hätten und alle um den heißen Brei redeten, käme Variante 2 zum Tragen:

Eva: Ich höre, dass Herr Maier Alternative A bevorzugt, Frau Müller Alternative B und Herr Schmidt Alternative C. Allerdings sind diese Alternativen sehr verschieden und in meinen Augen nicht kompatibel. Wir ziehen hier nicht an einem Strang. *(macht ihr Gefühl an Fakten fest)*
Adam: *(überdenkt kurz ihren Einwand)* An einem Strang ziehen bedeutet doch, ein gemeinsames Ziel zu haben. Was wollen wir denn am Ende erreichen? *(nimmt ihre Begrifflichkeit auf und bringt sie durch Fragen auf eine Sachebene zurück)*
Eva: Nun, ich glaube, wir wollen mehr Umsatz. Ich sehe nur, dass alle Alternativen auf Kosten eines jeweils anderen Bereichs gehen. Bei Alternative A zahlt Herr Weber drauf, bei Alternative C Frau Schmitz. Wenn wir also mehr Umsatz wollen und es uns egal ist, wer davon einen Nachteil haben

könnte, dann ist das okay. Aber ich glaube, das wollen wir nicht. *(nimmt seine Frage an, sucht weitere Fakten, um ihre Bedenken zu erklären)*
Adam: *(sieht die Berechtigung ihres Einwands)* Das stimmt, dann lassen Sie uns festlegen, dass nur Alternativen auf den Tisch gebracht werden dürfen, die kostenneutral sind. Würde das Ihre Bedenken ausräumen?
Eva: Ja, dann hätte ich den Eindruck, dass wir alle das Gleiche wollen.
Das Meeting läuft nun produktiver weiter, es kommen neue, kostenneutrale und somit besser umsetzbare Lösungen auf den Tisch. Der Konflikt ist entschärft, bevor er überhaupt entstehen konnte.

In beiden Fällen hat Adam ihre Bedenken nicht abgetan, sondern durch Rückfragen in einen Lösungsmodus kanalisiert. Eva hat gleich von Beginn an versucht, für Adam Fakten zu schaffen. Der wertschätzende Umgang mit dem anderen hat sein Übriges getan. In beiden Fällen ist das Meeting am Ende produktiver geworden und ein offensichtlicher Konflikt wurde nicht unter den Teppich gekehrt.

Situation 17
In einen Konflikt einsteigen – was sein muss, muss sein

Selbstverständlich lassen sich nicht alle Konflikte so problemlos vermeiden. Viele Organisationsstrukturen (zum Beispiel Matrix-Struktur) sind bewusst auf Konflikte ausgelegt. Gewisse Reibereien an den Schnittstellen sollen bessere Lösungen produzieren.

Wir haben im letzten Kapitel schon gesehen, dass es der beziehungsorientierten Eva oft schwerfällt, Konflikte überhaupt zu thematisieren. Und noch schwerer fällt es ihr, Konflikte auszutragen. Selbst wenn sie sich angegriffen fühlt oder provoziert wird, schweigt sie oft lange um des lieben Friedens willen. Auf Adam hat dies zwei mögliche Effekte. Entweder wiegt er sich in Sicherheit und denkt, alles ist in bester Ordnung, oder er spürt, dass sie „mauert", und sieht sie dann als Feigling an. Er ist es von klein auf gewöhnt, sich in Konflikte und Raufereien zu begeben. Wenn jemand einen Rückzieher macht, ist er in seinen Augen feige und unfähig.

Bei Eva gibt es mehrere Facetten. Die klassische Eva wird den Konflikt gern vermeiden, aber nicht um jeden Preis. Sie wird versuchen zu deeskalieren, Standpunkte zu integrieren und kann damit viele Konflikte in der frühen Entstehungsphase entschärfen. Sie stellt viele Fragen, um die Meinungen der Konfliktparteien genau zu verstehen. Damit gelingt es ihr oft, Win-win-Lösungen zu schaffen. Wenn ich in meinen Konfliktmanagement-Seminaren Adams und Evas bitte, eine vorgegebene Situation zu spielen, beobachte ich immer wieder, dass Adams gleich ihre Standpunkte auf den Tisch bringen, um sich zu positionieren, während Evas erst einmal eine Weile zuhören und dann viele Fragen stellen, um genauer zu verstehen, was die Motivation hinter dem Standpunkt ist. Auf Evas wirkt Adams Schlagabtausch aggressiv und unüberlegt, auf Adams ihr anfängliches Schweigen und die viele Fragerei wie Unsicherheit. Dabei sind beide Facetten zielführend, denn in einem Konflikt müssen sowohl alle Punkte auf den Tisch (Adam) als auch die Standpunkte integriert werden (Eva).

Zwei Ausnahmen gibt es jedoch: Die Krawall-Eva verhält sich in Konflikten aggressiver als jeder Adam. Sie glaubt, wenn sie andere unterbricht, ihnen unsachlich ins Wort fällt und ihre Meinung wiederholt lauthals kundtut, gewinnt sie. Win-win kommt in ihrer Welt nicht vor, Win-lose schon. Der Konflikt ist für sie – wie für viele Adams – ein Machtspiel. Mit diesem Verhalten disqualifiziert sie sich bei beiden Geschlechtern: bei Adam, weil sie nicht auf der Sachebene bleibt, und bei Eva, weil sie sämtliche Beziehungen zerstört. Und unsere Kleinkind-Eva bleibt schweigend und still in der Ecke sitzen, zieht den Kopf ein und wartet, bis der Konflikt vorbei ist. Es kann sogar ihr so unangenehm sein, dass sie den Raum verlässt, um sich einen Kaffee zu holen, oder dass sie maximal eine hilflose Äußerung wie „Jetzt hört doch mal auf zu streiten" herausbringt. Ernst genommen wird sie weder von Adam noch von der klassischen Eva.

 Wenn Sie auch nur annähernd das Gefühl haben, dass Eva einem Konflikt aus dem Weg geht, locken Sie sie aus der Reserve und ermutigen Sie sie, in den Konflikt einzusteigen. Hier kann sie von Ihnen lernen. „Was passt Ihnen gerade nicht?" wäre in dem Kontext eine hilfreiche Frage. Sie impliziert die Vorannahme, dass etwas nicht stimmt, und so kann Eva, wenn wirklich etwas nicht stimmt, fast schon nicht mehr ausweichen. Achten Sie auf Ihren Ton, schieben Sie einen kleinen wertschätzenden Satz vorweg, bevor Sie Ihre eigene Ansicht vorbringen, zum Beispiel: „Es ist Ihr gutes Recht, das so zu sehen, aber ich sehe es so."

 Wann immer Sie spüren, dass ein Konflikt nötig ist, lassen Sie sich darauf ein, auch wenn es nicht Ihr Lieblingsfeld ist. Lassen Sie alle Argumente auf den Tisch kommen, auch wenn sie Ihnen aggressiv vorkommen, und packen Sie dann Ihre „integrativen Waffen" aus, indem Sie nachfragen und nach der Win-win-Lösung suchen. Geben Sie dem Konflikt eine Struktur: 1. Sammeln von Argumenten. 2. Genaueres Verstehen der Motivation und Hintergründe und 3. Schaffen einer Win-win-Lösung.

Situation 18
Der Umgang mit einem Angriff
Wenn in einem Konflikt ein Wort das nächste gibt oder unangenehme Fragen kommen, reagieren Adam und Eva sehr unterschiedlich. Eines vorweg: Evas werden häufiger angegriffen als Adams, da sie sich oft vom Status her nicht auf Augenhöhe mit den anderen bewegen, und wer sich klein macht und zu allen nett ist, kriegt als Dank häufig auch noch eins auf den Deckel.

Wenn ein Konflikt entsteht, schärft Adam freudig die Klingen. Die beziehungsorientierte Eva bekommt Stress. Wegen ihrer Beziehungsorientierung ist ein Konflikt für sie immer etwas Persönliches, daher reagiert sie schnell zickig oder in seinen Augen unsachlich. Folgende Situationen sind nicht selten:

Eva 1 präsentiert in einem Meeting
Adam 1: Wo kommt denn die Zahl her? Die kann ja nie stimmen.
Eva 1: Aus dem Logistik-Report. Was soll denn die Frage? Wollen Sie mich bloßstellen?

Adam 1: Nun mal ruhig Blut, junge Frau. Man wird ja wohl noch eine Frage stellen dürfen.

Eva 1: Aber nicht so. *(Verteidigungs- und Argumentationsmodus, die schwächere Position)*

Adam 1: Wie dann? *(wer fragt, führt das Gespräch, er gewinnt Oberwasser)*

Eva 1: Am besten gar nicht.

Adam 1: Ach wie schade. *(muss das letzte Wort haben, Teil des Machtkampfs)*

Eva 1: *(schweigt resigniert, sie hat verloren)*

Beide werfen sich noch einen bösen Blick zu. Das Meeting läuft weiter, mit einer Zahl, von der keiner weiß, ob sie stimmt.

 Eva fühlt sich schnell persönlich angegriffen. Signalisieren Sie ihr mit einem einleitenden Satz, dass Sie sie als Person schätzen, bevor Sie zum Thema kommen. Wählen Sie bei Konflikten Ihre Formulierungen zum Beispiel durch Ich-Botschaften so, dass ihr klar ist, dass es um die Sache geht, zum Beispiel: „Könnten Sie mir kurz sagen, aus welcher Quelle die Zahlen kommen? Ich habe da andere Zahlen im Kopf." Du- beziehungsweise Sie-Botschaften wirken schnell als Angriff.

 Achten Sie unbedingt darauf, auf Augenhöhe zu kommunizieren und sich nicht gegenüber anderen klein zu machen. Das harmonische Schlichten von Konflikten in allen Ehren, manchmal geht es aber nicht um die Sache, sondern um Machtverhältnisse. Und da sollten Sie mithalten. Gehen Sie davon aus, dass Ihr Gegenüber im Konflikt nichts gegen Sie als Person hat. Versuchen Sie bewusst, einmal Ihr Beziehungsohr auszuschalten und sich auf die reine Sachebene seiner Äußerung zu fokussieren. Antworten Sie dann auch auf der Sachebene, dies gelingt am besten, wenn Sie die direkte Ansprache vermeiden und nur Fakten auf den Tisch bringen.

 Zwei Grundregeln, die in Konfliktfällen immer wieder zutreffen: 1. Wer fragt, führt das Gespräch, und 2. Wer zuerst argumentiert, hat verloren, denn er kommt meist aus der Defensive nicht mehr heraus. Sorgen Sie also dafür, dass Sie die Fragen stellen und nicht die Argumentationen liefern müssen.

Wenn Eva als Erste ihr Verhalten entsprechend anpasst, sieht die Situation so aus:

Eva 1 präsentiert in einem Meeting
Adam 1: Wo kommt denn die Zahl her? Die kann ja nie stimmen.
Eva 1: Aus dem Logistik-Report. Was lässt Sie an der Zahl zweifeln? *(fokussiert sich auf seine Frage, wo die Zahl herkommt und ob sie stimmt, blendet den provokativen Ton und die öffentliche Bloßstellung aus und wechselt sofort in den Fragemodus, übernimmt also die Gesprächsführung mit einer offenen Frage)*
Adam 1: Dass die Zahl, die ich gelesen habe, nur halb so hoch ist. *(muss auf ihre W-Frage antworten, das macht er gern, denn es geht darum, weitere Fakten zu schaffen)*
Eva 1: Und woher kommt Ihre Zahl? *(sammelt weiter Informationen, um Fakten zu schaffen)*
Adam 1: Aus dem Gesamt-Report.
Eva 1: Weiß jemand, welche Zahl stimmt und wieso hier zwei verschiedene Zahlen kursieren? Wenn nicht, sollten wir im Anschluss an das Meeting noch einmal verifizieren, welche Zahl richtig ist. Bleiben Sie, Adam 1, noch fünf Minuten da, dann klären wir das. *(ruhiges Fokussieren auf Fakten und das Ausblenden der Beziehungsebene helfen ihr, beim Thema zu bleiben und in den Lösungsmodus zu gehen)*
Eva 2: *(hätte sich ob des vorher schroffen Tons nie zu Wort gemeldet, tut es aber jetzt, weil die Frage im Raum steht)* Ich hatte das auch schon, die Zahl im Logistik-Report stimmt, das ist ein Aggregationsfehler im Gesamt-Report.
Das Problem ist geklärt, die richtige Zahl liegt auf dem Tisch, das Meeting kann weitergehen.

Wenn Adam als Erster sein Verhalten entsprechend anpasst, sieht die
Situation so aus:

> *Eva 1 präsentiert in einem Meeting*
> Adam 1: Ihr Zahlenmaterial ist sehr hilfreich. Aber was diese
> Zahl angeht, habe ich eine ganz andere Information gelesen.
> Können Sie mir sagen, wo die Zahl herkommt? *(zeigt Wert-*
> *schätzung für ihre Mühe und setzt den Fehler dazu in Relation.*
> *Er sagt nicht: Du bist falsch, sondern sendet eine Ich-Botschaft)*
> Eva 1: Aus dem Logistik-Report. Welche Zahl haben Sie denn
> im Kopf und woher kommt Ihre Zahl? *(hat nicht das Gefühl,*
> *einen Fehler gemacht zu haben, ist nicht auf der Beziehungs-*
> *ebene verletzt. Er hat deutlich die zwei Ebenen voneinander ge-*
> *trennt)*
> Adam 1: Ich habe nur die Hälfte im Kopf, habe die Zahl aber
> aus dem Gesamt-Report.
> Eva 1: Weiß jemand, welche Zahl stimmt …
> *(weiter wie im vorigen Kasten)*

Das Ergebnis ist dasselbe. Und wenn gleich beide aufmerksamer miteinander umgehen, wird es noch schneller erreicht. Der jeweils Fra-
gende hat die Gesprächsführung durch wertschätzende und
zielorientierte Fragen übernommen und zur Lösung getrieben. Keine
Partei ist in Argumentationszwang gekommen, vielmehr haben beide
begonnen, ihre Äußerungen aufeinander aufzubauen. Fakt ist, dass solche Situationen nicht nur zwischen Adam und Eva, sondern auch unter
Evas und unter Adams entstehen. Es hilft immer, auf der Sachebene
zu bleiben, dem anderen zunächst grundsätzlich Wertschätzung entgegenzubringen und durch ein Wechselspiel aus Fragen und Antworten dem Ziel näher zu kommen. Es könnte so einfach sein.

Situation 19
Den Konflikt wegflirten

Eine häufig von Adam verwendete Methode im Konfliktfall mit Eva ist, in einen Flirt zu wechseln. Dies funktioniert sehr gut bei der Klein-kind-Eva, aber auch leider oft bei der klassischen Eva. Da zieht er dann alle Register, blinzelt ihr zu und wirft ihr noch einen Spruch zu wie „Ihr süßes Lächeln nimmt Schaden, wenn Sie so zickig sind" oder „Na komm schon, Baby, so schlimm ist das doch gar nicht ..." Sie glauben das nicht? Ich habe es schon erschreckend häufig beobachtet, vor allem wenn es schon lange nicht mehr um die Sache geht, sondern nur noch um Machtspiele.

Stellen Sie sich folgende Variation der vorigen Situation vor:

Eva 1 präsentiert in einem Meeting
Adam 1: Wo kommt denn die Zahl her? Die kann ja nie stimmen.
Eva 1: Aus dem Logistik-Report. Was soll denn die Frage? Wollen Sie mich bloßstellen?
Adam 1: Huhu, jetzt sind Sie mal nicht so zickig. Da kommt Ihr reizendes Lächeln ja ganz abhanden.
Eva 1: *(lächelt freundlich zurück, denkt innerlich: Was für ein Affe ...)*
Adam 1: *(lächelt zufrieden)*
Er wertet ihr Lächeln als Einlenken und denkt, er habe gewon-nen. Das Problem ist sachlich nicht gelöst, aber er fühlt sich als Held und sie wird ihn nach dem Meeting hintenherum so demontieren, dass er sich warm anziehen kann.

 Begeben Sie sich niemals auf die Flirt-Ebene. Zum einen gehört es nicht an den Arbeitsplatz, zum anderen bringt es Eva noch mehr in Rage und dient der Ihnen so wichtigen Sache nur vor-dergründig. Selbst wenn sie nett ist, meint sie es nicht nett und wird hinter Ihrem Rücken schlecht über Sie reden oder Sie bei nächster Gelegenheit auflaufen lassen.

Reagieren Sie auch auf Flirtversuche mit der Sachebene und keinesfalls mit einem Lächeln. Lächeln verbucht er als Sieg. Schlagen Sie mit seinen Waffen oder mit Humor subtil zurück. Beim
Flirten fällt er in ein Spiel, aus dem er nicht gut aussteigen kann.
Kehren Sie sofort auf die Sachebene zurück.

Im Folgenden zwei Möglichkeiten, die Situation zu entschärfen, zunächst über Körpersprache und das Schlagen mit eigenen Waffen:

Eva 1 präsentiert in einem Meeting
Adam 1: Wo kommt denn die Zahl her? Die kann ja nie
stimmen.
Eva 1: Aus dem Logistik-Report. Was soll denn die Frage?
Wollen Sie mich bloßstellen?
Adam 1: Huhu, jetzt sind Sie mal nicht so zickig. Da kommt
Ihr reizendes Lächeln ja ganz abhanden.
Eva 1: *(geht auf ihn zu, baut sich vor ihm auf – diese Körper-
sprache ist wichtig, um die Machtverhältnisse wieder herzustel-
len und zu signalisieren, dass sie ihn nicht fürchtet)* Wenn Sie in
dem Glauben sind, lieber Adam, dass wir eine fragwürdige
Zahl weglächeln können, muss ich Ihnen sagen, dass ich es für
zielführender halte, wenn wir klären, welche nun richtig ist.
Welche Zahl haben Sie denn und wo kommt sie her?
*Sie hat den Kommentar über ihr Lächeln mit einer kleinen Pfeil-
spitze zurückgeschossen und dann sofort den faktenbasierten
Lösungsmodus angesteuert. Ab jetzt kann auf der Sachebene
weiterdiskutiert werden.*

Eine Alternative wäre, der Sache mit Humor zu begegnen. Das braucht
natürlich eine gewisse Größe, ist aber für ihn noch gesichtswahrender,
vorausgesetzt Eva kann ihre Rachegedanken abstellen.

Eva 1 präsentiert in einem Meeting
Adam 1: Wo kommt denn die Zahl her? Die kann ja nie
stimmen.

Eva 1: Aus dem Logistik-Report. Was soll denn die Frage? Wollen Sie mich bloßstellen?

Adam 1: Huhu, jetzt sind Sie mal nicht so zickig. Da kommt Ihr reizendes Lächeln ja ganz abhanden.

Eva 1: *(geht auf ihn zu, baut sich vor ihm auf – diese Körpersprache ist wichtig, um die Machtverhältnisse wieder herzustellen und zu signalisieren, dass sie ihn nicht fürchtet)* Wenn Kollegen in einem Meeting meinen, den Präsentierenden vorführen zu müssen, dann kann einem das Lächeln schon mal vergehen, finden Sie nicht, Adam? Welche Zahl haben Sie denn und wo kommt sie her?

Jetzt hat sie geschickt und humorvoll thematisiert, was sie stört, ihm aber keine Chance gelassen, das Thema weiter zu vertiefen, sondern ist ebenfalls sofort auf die Sachebene zurückgewechselt.

Dank Humor und sofortigem Wechsel zurück zur Sachebene kann das Gegenüber aus seinem nicht zielführenden Verhalten gesichtswahrend aussteigen. Vor allem Adams schätzen Evas mit Humor. Allerdings haben beide ein unterschiedliches Verständnis von gutem Humor. Sie macht sich mit Scherzen gern selbst klein, wie zum Beispiel „Das steht auf meiner Talentliste wohl nicht ganz oben", während er eher andere klein macht oder neutrales Terrain sucht, zum Beispiel „Da haben wir ja die ganz großen Strategen an einem Tisch" oder neutral „Täglich grüßt das Murmeltier, es wäre ja schon fast befremdlich, wenn diese Situation einmal anders ablaufen würde". Nichts davon ist förderlich für ein faires Miteinander auf Augenhöhe.

Verwenden Sie Humor, um Konflikte zu entschärfen, aber bleiben Sie stets auf neutralem Terrain, ohne sich selbst oder andere dabei schlecht zu machen. Nur so gelingt es, wertschätzend mit sich und anderen umzugehen und Konflikte nachhaltig zu entschärfen, statt einen neuen Konfliktherd zu eröffnen.

Situation 20
Das Aufzeigen von Grenzen und die Tränen der Eva

In meinen Seminaren und Workshops setze ich immer wieder ein Rollenspiel ein, bei dem der Konflikt vorprogrammiert ist. Eine Eigentümergemeinschaft soll einen gemeinsamen Sanierungsplan für ein Mehrfamilienhaus erarbeiten. Von außen betrachtet stehen die Interessen in einem Konflikt. Ein Kompromiss scheint nötig, ein Win-win aber nicht möglich. Das Rollenspiel gelingt am besten, wenn sich Adam und Eva auf das fokussieren, was sie jeweils am besten können. Adams beginnen meist die Besprechung und bringen ihre Ansichten auf den Tisch. Evas warten ab, hören sich alles an und stellen Fragen zu den genannten Ausführungen. Durch ihr Nachfragen kommen neue Argumente auf den Tisch, die er dann Richtung Lösung aggregiert. Wir haben beim Problemlöseverhalten bereits gesehen, dass es am besten läuft, wenn jeder sich auf seine Rolle und seine Stärke fokussiert, nämlich er auf „Zielorientiert ein Gespräch führen" und sie auf „Standpunkte integrieren". Leider legen wir oft einen anderen Konflikt darüber, der heißt: Entweder bestimme ich, wo es hier langgeht, oder du. Und dann rückt die Lösung in weite Ferne.

Bei allem gegenseitigen Verstehen und bei allen zielführenden Frage- und Antworttechniken gibt es Situationen, in denen ganz klar Grenzen aufgezeigt werden müssen. Hier tun sich viele Evas, aber auch mehr und mehr Adams schwer, sich klar zu positionieren. Stellen Sie sich folgende eher banale Situation vor:

Adam und Eva sitzen beim Mittagessen in der Kantine in einem sichtbar vertraulichen Gespräch. Ein Kollege oder eine Kollegin setzt sich ungefragt an ihren Tisch. Typischerweise sagt Eva in dieser Situation nichts und überlässt ihm den „Kampf". Sie ist beziehungsorientiert, will niemanden vor den Kopf stoßen. Er hingegen sieht das ungefragte Setzen als Eindringen in sein Revier. Er kann fast gar nicht anders, als das Wort zu ergreifen. Er wird die Situation möglicherweise lösen mit einem Satz wie „Entschuldigen Sie bitte, aber wir besprechen etwas Privates".

Säßen zwei Evas zusammen, würden sie eventuell das Essen nun zu dritt verbringen. Aber nach dem Mittagessen hat der Eindringling dann keine Chance mehr, da beide es gar nicht abwarten können, am berühmten Kaffeeautomaten über den Kollegen zu lästern. So etwas nennt man übrigens im modernen Sprachgebrauch „Mobbing" – und das von der beziehungsorientierten Eva, unglaublich!

Ist die hinzustoßende Person eine Eva, dann kann Eva (vor allem die Krawall-Eva) auch mal ganz zickig werden und die andere Person mit einem Satz wie „Was fällt Ihnen ein, sich hier ungefragt hinzusetzen?" brüskieren.

Wenn sich die klassische Eva ein Herz fasst und den Störenfried anspricht, holt sie oft viel zu weit aus und signalisiert damit vor allem einem Adam-Störenfried nicht klar genug, was sie will, oder bringt ihn unnötig in Verlegenheit. Statt eines sachlichen „Entschuldigen Sie, wir haben etwas sehr Persönliches zu besprechen. Würden Sie sich bitte einen anderen Platz suchen" verwirrt sie ihn mit Endlos-Sätzen wie: „Also, eigentlich sind wir ja in einem Gespräch hier, aber wenn Sie jetzt gar niemanden finden, der mit Ihnen essen kann, dann ist das von mir aus okay, wobei, besser wäre ja schon, aber sicher sind Ihre Kollegen schon alle fertig mit Essen, oder?" Sie kümmert sich um ihn wie eine Mutter und interpretiert sein Verhalten, obwohl er sich vielleicht ganz unbedarft dazugesetzt hat. Er ist in dem Fall so verwirrt, dass er wirklich nicht weiß, ob er gehen oder bleiben soll. Da sie es angeboten hat, wird er wahrscheinlich bleiben.

 Wenn jemand Ihre Grenzen überschreitet (und das spüren Sie normalerweise sehr genau), thematisieren Sie es sofort der betreffenden Person gegenüber. Bleiben Sie im Ton sachlich und fair, sodass die andere Person ihr Gesicht wahren kann. Formulieren Sie ein klares Nein und fassen Sie sich kurz, damit Ihre Ansage bei ihm unmissverständlich ankommt und er nicht stundenlang „leiden" muss.

 Helfen Sie Eva, das Nein zu thematisieren. Springen Sie nicht immer schützend vor Ihre Kollegin, sondern lassen Sie ihr in solchen Situationen den Vortritt. Sie können dann unterstützend Ihre Sicht der Dinge erwähnen. Wenn Eva viele Worte verwendet, helfen Sie ihr mit einer Frage wie „Was soll ich tun?", den eigentlichen Gedanken zu formulieren.

Ganz wichtig ist übrigens das klare Nein auch, wenn jemand in Ihrem Kompetenzfeld rumpfuscht, Ihre Mitarbeiter vereinnahmt, anzügliche Bemerkungen über Sie macht oder Sie vor anderen in ein schlechtes Licht rückt. In diesem Fall hilft nur der sofortige Dialog unter vier Augen mit einer klaren Ansage. Hier gelten schlichtweg die Regeln des Sports: Wer foult, kriegt die Gelbe Karte, wer noch mal foult, sieht Rot.

Es gibt Konfliktsituationen, in denen Eva vor Wut oder Enttäuschung die Tränen kommen. Auch wenn sämtliche Fachbücher für Frauen im Business ganz klar vom Weinen abraten, lassen Sie uns kein Drama daraus machen. Manchmal passiert es einfach. Selbstverständlich ist es zielführender, bereits Grenzen aufzuzeigen, bevor sich die Emotionen derart anstauen. Manche Situationen eskalieren allerdings zu schnell dafür. Adam hat von klein auf gelernt, das Jungen nicht weinen, daher wird es ihm kaum passieren. Er kanalisiert die gleichen Emotionen eher in Aggressivität. Ich finde ehrlich gesagt, dass weder Aggressivität noch Weinen hilfreich sind, aber es passiert und deswegen will ich nichts davon verteufeln.

Da Adam nicht weinen „darf", fällt es ihm schwer, mit einer weinenden Eva umzugehen. Männer sind selten so hilflos wie gegenüber einer Frau, die weint. Sie denken, dass sie ihr Problem lösen müssen. Das Verhalten ist ihnen schlichtweg so fremd und aberzogen worden, dass sie es am liebsten ausblenden möchten. Manche gehen dann einfach weg. Das wiederum wirkt auf Evas besonders kalt und verschlimmert den Kummer nur noch. Sie möchten in dem Moment am liebsten in den Arm genommen werden und Anteilnahme erfahren, im Geschäftskontext eine nicht einfache Situation. Ob Sie als Adam eine Eva in den Arm nehmen und trösten können, müssen Sie selbst entscheiden. Solange Sie nicht gleich den Sexual-Harrassment-Club auf den Fersen haben, ist das sicher die beste Lösung. Vielleicht machen Sie das nicht gerade mitten auf dem Flur, wo es Dutzende von Menschen sehen. Alternativ können Sie mit einem Schulterklopfen oder einem Satz, der aufrichtig Anteil nimmt, agieren, wie zum Beispiel: „Ich kann Ihren Zorn sehr gut verstehen."

Hüten sollten Sie sich allerdings vor der Kleinkind-Eva. Sie setzt das Weinen manipulativ ein. Es ist ihr Trick, um ihn in eine schwache

Situation zu bringen und am Ende zu kriegen, was sie will. Dieses Verhalten hat am Arbeitsplatz gar nichts verloren und zu Hause eigentlich auch nicht, denn es ist nicht ehrlich und somit nicht wertschätzend dem anderen gegenüber. Mit Frauen, die dauernd im Büro in Tränen ausbrechen, ist ein grundsätzliches Gespräch fällig, dass ein solches Verhalten nicht geduldet werden kann.

 Sollten Ihnen einmal vor Wut oder Enttäuschung die Tränen kommen, dann lassen Sie es geschehen. Ziehen Sie sich am besten diskret zurück, denn mit Tränen sind die meisten Adams überfordert. Setzen Sie Ihr Weinen niemals manipulativ ein.

 Wenn Sie eine weinende Eva vor sich haben, bekommen Sie keine Panik. Spenden Sie ihr der Arbeitsplatzsituation angemessen durch Gesten oder Worte Trost und bieten Sie an, das Gespräch zu vertagen. In dieser emotionalen Verfassung ist sie ohnehin nicht zu einer konstruktiven Diskussion fähig. Wenn Sie den Eindruck haben, dass eine Eva das Weinen manipulativ einsetzt, suchen Sie ein ernstes Gespräch mit ihr und zeigen Sie ihr klar und deutlich auf, dass Sie dieses Verhalten nicht akzeptieren. Sätze wie: „Ich sehe, dass Ihnen sehr häufig die Tränen kommen. Es ist okay, wenn einen die Gefühle mal übermannen, aber wenn es ständig ist, sollten Sie eine alternative Strategie finden. Das heißt, überlegen Sie sich bitte, wie Sie es verhindern können, dass es überhaupt so weit kommt, oder was Sie stattdessen tun können." Lassen Sie sie hier mit einem klaren Arbeitsauftrag zurück. Es gibt Grenzen.

Situation 21
Das Verhalten nach dem Konflikt und das Wort „Sorry"
Wer kennt sie nicht, diese Situation. Da fliegen zwischen zwei Adams im Meeting die Fetzen. Am Ende steht Meinung gegen Meinung. Und zwei Stunden später trinken genau diese beiden Herren in der Kneipe nebenan gemeinsam ihr Feierabendbierchen. Sie können das, weil die Box-Struktur ihres Gehirns es ihnen erlaubt, Probleme zu parken. Die Business-Box mit der Meinungsverschiedenheit ist jetzt verlassen, die

Feierabendbier-Box eröffnet. Das eine hat mit dem anderen gar nichts zu tun. Das Problem ist quasi in der Kiste geparkt oder, wenn es am Ende gelöst wurde, sogar vergessen. Adam kann in der Sache extrem hart verhandeln, was aber auf die Beziehung keinerlei Einfluss hat, die liegt ja in einer anderen Box. Deshalb ist er auch nicht nachtragend. Viele Adams können sich nach einem gelösten Problem oft nicht einmal mehr erinnern, worüber sie gestritten haben. Die Lösung zählt, gelöst ist gelöst und was interessiert mich der Schnee von gestern. Auf Eva wirkt dieses Verhalten so, als nähme er sie nicht ernst oder als wäre er in einem Frühstadium von Alzheimer. Sie denkt: Eben haben wir uns noch so gefetzt und jetzt tut er so, als sei nichts gewesen.

Was Adam mit seiner Box-Struktur und seiner Lösungsorientierung so leicht ad acta legen kann, lebt nämlich bei Eva weiter. Bei ihr schlagen die Vernetzung des Gehirns und die Prozess- und Beziehungsorientierung gemeinsam zu. Wenn sie einen Konflikt hinter sich hat, sind bei ihr oft zwei Phänomene zu beobachten. Wenn der Konflikt nicht zu ihrer Zufriedenheit gelöst wurde, führt sie ihn weiter, und zwar nicht offen, sondern hintenherum durch Sticheleien oder durch das Suchen nach Verbündeten, mit denen sie sich über den üblen Konfliktgegner austauschen kann. Das Feuer scheint für ihn gelöscht, aber hinter den Kulissen tröpfelt Eva Brennspiritus in die noch schwelenden Flammen. Der böse Konfliktgegner darf sich nicht gut fühlen, weil sie sich ja auch nicht gut fühlt. Sie kartet nach, um sich vor zukünftigen Angriffen zu schützen. Oft wirft sie ihm noch Jahre später Dinge vor, an die er sich gar nicht mehr erinnern kann, weil er die Box längst geschlossen oder sogar entsorgt hat.

Und wenn der Konflikt am Ende gelöst wurde, bleibt bei Eva trotzdem ein fader Nachgeschmack. In ihrer vernetzten Hirnstruktur hat die Beziehung zum Konfliktgegner Kratzer und Schrammen davongetragen. Das Thema ist vom Tisch, aber er oder sie haben sie so geärgert! Sie will dank ihrer Beziehungsorientierung gemocht, Adam dank seiner Ziel- und Statusorientierung geachtet werden. Konflikte können zur gewünschten Achtung führen, wenn sie gelöst werden. Für Eva sagen sie eher aus, dass jemand sie nicht mag, an ihr als Person zweifelt. Sie kann die Person nun mal schlechter von der Sache trennen als er. Ihr Verschönerungstick und ihre Prozessorientierung schlagen unerbittlich zu: „Was hätte ich machen können, um den Konflikt zu vermeiden?", „Wie hätten wir den Konflikt früher lösen oder erkennen können?" Die Fragen und Wut fahren in ihrem Kopf Achterbahn. Sie kann das Thema nicht loslassen.

Ein weiteres Problem ist unser unterschiedliches Verständnis des Wörtchens „Sorry". Der einfache Satz „Es tut mir leid" wird viel häufiger von Eva als von Adam geäußert. Er tut sich schwer mit Entschuldigungen, denn für ihn schwingt das Wort „Schuld" und somit Schuldeingeständnis mit. „Es tut mir leid" heißt für ihn: „Es ist meine Schuld" (die Sache). Für Eva sagt der Satz lediglich aus: „Es ist schade, dass das passiert ist" (der Prozess). Damit räumt sie keineswegs ein, schuld zu sein. Die Ursache des Konflikts kann viele Gründe haben und ihr tut es einfach nur leid, dass es so gekommen ist, nicht mehr und nicht weniger. Sie vermisst dieses kleine Wort „Sorry" aus Adams Mund daher oft. Sie denkt, er ist so eiskalt, dass es ihm noch nicht einmal leidtut. Dabei versucht er aus seiner Perspektive nur, Augenhöhe zu wahren.

 Helfen Sie Eva, aus ihrem Gedankenkarussell auszusteigen, indem Sie ihr klar signalisieren, dass sie als Person völlig in Ordnung ist, dass es um die Sache ging. Helfen Sie ihr, ihren Fokus wieder in Richtung Gegenwart und Zukunft zu bringen. Dies können Sie erreichen durch Formulierungen wie: „Kommen Sie schon, es ist alles in Ordnung zwischen uns. Wir hatten verschiedene Meinungen, das haben wir (teilweise) gelöst beziehungsweise das wissen wir jetzt, aber das hat nichts mit unserer Beziehung und schon gar nichts mit Ihnen als Person zu tun. Jetzt lassen Sie uns in Ruhe überlegen, wie wir den Rest der Steine auch noch aus dem Weg räumen." Und integrieren Sie das Wort „Sorry" gegenüber einer Eva in Ihren Wortschatz. Sie müssen nicht viel Aufhebens darum machen, aber einfach mal an einen Satzanfang gestellt, signalisiert dieses kleine Wörtchen ihr, dass Sie Mitgefühl haben. Und seien Sie sicher, sie wertet es keinesfalls als Schuldeingeständnis.

Blicken Sie gedanklich über die Schulter und lassen Sie den Konflikt hinter sich. Sagen Sie sich, dass Sie als Person absolut gut und liebenswert sind und dass es völlig okay ist, in der Sache unterschiedlicher Meinung zu sein. Fokussieren Sie sich lieber darauf, welche Vorteile der Konflikt hatte, zum Beispiel in Form einer besseren Lösung. Schauen Sie dann nach vorn. Bringt ein Analysieren des Konflikts irgendetwas für die Zukunft? Oder können Sie den Konflikt in der Kategorie „Notwendiges reinigendes Gewitter" verbuchen? Wenn das Analysieren der Vergangenheit einen Effekt für die Zukunft bringt, zum Beispiel wenn Sie ein schwelendes Missverständnis nachhaltig ausräumen können, suchen Sie das Gespräch unmittelbar mit Ihrem Konfliktpartner und nicht mit anderen. Bedenken Sie, dass Adam das Wort „Sorry" oft als Schuldeingeständnis wertet, sagen Sie also auf jeden Fall dazu, was genau Ihnen leidtut, zum Beispiel: „Es tut mir leid, dass die Diskussion diesen unschönen Verlauf genommen hat", damit er nicht versteht: „Es tut mir leid, dass ich das gesagt habe."

Wenn Sie diese Tipps beherzigen, kann Adam in Zukunft viele Intrigen und schwelende Konflikte hinter den Kulissen vermeiden, indem er Eva aus ihrer Denkschleife zieht. Und Eva kann nachhaltig für bessere Lösungen sorgen, indem sie unproduktive Konflikte thematisiert und auf eine professionellere Ebene bringt. Wieder einmal wäre beiden und vor allem dem Ergebnis geholfen.

So gelingt Teamwork

Wir haben beim Thema Meetings und beim Problemlöseverhalten bereits gesehen, wie gut seine Lösungsorientierung und ihre Beziehungsorientierung ineinandergreifen können. Bei der Zusammenarbeit im Team sorgen die beiden Faktoren allerdings oft für überzogene Erwartungen und für Missverständnisse.

Situation 22
Ein neues Team formiert sich – erste Schritte
Wenn ich in meinen Workshops die Teilnehmer bitte, ein neues Projektteam zu bilden, spielen sich immer wieder ähnliche Szenen ab. Die Tür öffnet sich, die Mitarbeiter betreten den Raum und es beginnt ein fröhliches Scannen. Zunächst wird also mit dem Blick abgetastet, wer da so mit an Bord ist. Normalerweise zeichne ich diese Situation mit der Videokamera auf. Wenn wir uns dann das Video anschauen, bitte ich die Teilnehmer aufzuschreiben, was sie über die einzelnen Evas und Adams im Raum gedacht haben. Das Ergebnis ist fast immer gleich.

Eva denkt über viele Adams entweder: „Er sieht aus, als ob er es draufhat" (diese Kompetenz leitet sie oft aus der Körpergröße und der Breite der Schultern ab), oder: „Puh, so viele Adams, da muss ich mir erst einmal meinen Platz und meine Anerkennung erarbeiten, die würdigen mich ja keines Blickes", oder: „Wie der mich anstarrt, den Zahn ziehe ich ihm noch." Eva beurteilt also Adam unterschwellig immer noch, selbst im Geschäftskontext, nach seiner „Potenz". Je mächtiger er ihr vorkommt, umso mehr glaubt sie, dass das Projekt einen guten Weg nehmen kann, aber gleichzeitig schlägt ihre gewohnte Opferrolle durch. Sie fühlt sich gegenüber Männern im Team schnell schwächer und zweifelt an sich. Und schon ist ihr innerer Kampf vorprogrammiert. Im Anschluss daran scannt Eva die anderen Evas im Raum und überlegt, wer ihr davon das Wasser reichen oder sogar gefährlich werden kann. Sie tritt Geschlechtsgenossinnen grundsätzlich argwöhnisch und mit Distanz gegenüber, sie ist ja schon auf Kampf gegenüber Adam eingestellt, jetzt bloß nicht noch gegen Gleichgeschlechtliche kämpfen müssen. Krawall-Eva grenzt andere Evas sogar komplett aus ihrem Sichtfeld aus. Sie unterhält sich sofort mit den am potentesten wirkenden Männern, weil sie hier die Machtzentrale vermutet, der sie ja so gern angehören will. Außerdem hat sie in vielen Ratgeber-Büchern gelesen, dass sie Zutritt zu dem Old-Boys-Club bekommen muss. Und Kleinkind-Eva sucht sich entweder andere Evas für belanglosen Small Talk oder sie lässt sich von bestimmten Adams hemmungslos anflirten. Fakt ist: Die meisten Evas fühlen sich in dieser Aufwärmphase unwohl.

Adam geht lieber erst mal zu anderen Adams. Denen kann man wenigstens vertrauen, Evas sind für ihn immer noch unbekannte und schwer zu durchschauende Wesen, die sein Interesse womöglich missverstehen. Diese Bevorzugung anderer Adams schürt natürlich Evas Gefühl, ausgegrenzt zu sein und sich profilieren und kämpfen zu müssen. Hinzu kommt, dass auch hier die Evolution wieder zuschlägt. Adams beurteilen Evas zunächst mal nach der Optik. Krawall-Evas sind oft nicht so hübsch und wie halbe Männer gekleidet. Er sortiert sie schnell aus seinem Blickfeld aus. Er will sie nicht zu nah bei sich haben, denn seine Kumpel könnten ihn ja auslachen, wenn ausgerechnet eine solche Frau auf ihn zugeht. Bei Kleinkind-Eva, die häufig extrem sexy angezogen ist, macht er die nächste Box auf: Ganz süß zum Flirten, aber hat sicher nichts in der Birne. Bei der klassischen Eva überlegt er, ob sie, wenn sie gut aussieht, auch kompetent sein kann. Hier wird seine Neugierde geweckt, dies irgendwann herauszufinden. Aber am Anfang bleibt er erst mal unter den sicheren Jungs. Den meisten seiner Geschlechtsgenossen begegnet er im Gegensatz zu Eva zunächst neutral.

Dass sich angesichts dieser Gedankengänge unbewusst Gräben zwischen den Geschlechtern auftun, erklärt sich fast von allein. Dabei haben sowohl Adam als auch Eva optimale Voraussetzungen, sich wieder perfekt zu ergänzen, nämlich indem sie sich auf ihre integrativen Fähigkeiten fokussiert und er auf seine Ziel- und Lösungsorientierung. Im privaten Bereich kann Eva dies hervorragend. Wenn sie auf eine Party geht, kennt sie binnen Sekunden die Hälfte der Gäste, hat sie miteinander bekannt gemacht und gemeinsame Anknüpfungspunkte gefunden. Sie ist die Queen des so wichtigen Small Talks. Dies fällt dem wortkargen Adam in der Regel schwerer. Wenn er aber von Eva ein Thema geliefert bekommen hat, wie zum Beispiel das neue Auto, der Umbau des Hauses oder eine kürzlich besuchte Veranstaltung, dann redet er zielstrebig drauf los, kann sich in Szene setzen und sich bewundern lassen. Wie einfach es doch ist.

 Schalten Sie Ihr Kopfkino und Ihre Vorurteile am Arbeitsplatz aus. Es ist eine sich selbst erfüllende Prophezeiung, dass sich Eva erst beweisen oder gegen Männer kämpfen muss. Wenn Sie selbst daran glauben, strahlen Sie es auch aus. Adam ist nicht Ihr Feind, er hat ein gemeinsames Ziel mit Ihnen. Gehen Sie zum ersten Treffen des Teams erhobenen Hauptes und mit dem Gedanken: „Ich freue mich, mit meiner besonderen Kompetenz hier zu dem Ziel beitragen zu können. Ich freue mich auf jeden Einzelnen im Raum." Kleiden Sie sich feminin, aber nicht zu aufreizend, damit unterstreichen Sie Ihre Weiblichkeit und Ihre Kompetenz. Fokussieren Sie sich auf das, was Sie besonders gut können, zum Beispiel Small Talk oder Leute ins Gespräch miteinander bringen. Lassen Sie Selbstzweifel vor der Tür, sie helfen in neuen Situationen nur wenig.

 Gehen Sie offen auf ein neues Team zu. Sie alle haben das gleiche Ziel, egal ob Adam oder Eva. Die Zielerreichung ist umso wahrscheinlicher, je mehr *alle* an einem Strang ziehen. Bedenken Sie, dass Ihr „Klüngeln unter Männern" Evas ausgrenzt und dass Sie sich darum bringen, einen Überblick über die Fähigkeit des gesamten Teams zu bekommen. Schalten Sie Ihren inneren Beurteilungsknopf ab und probieren Sie, möglichst viele Teammitglieder kennenzulernen und zu verstehen, wie sie zum Ziel beitragen können. Gehen Sie vor allem auf die klassischen Evas zu. Zum einen ist die Wahrscheinlichkeit sehr groß, dass sie kompetent sind und Sie dank ihrer Wortgewandtheit mit möglichst vielen Teammitgliedern in Verbindung bringen, zum anderen schützen Sie sich gleichzeitig vor der Krawall-Eva, die sofort auf Sie zustürzen wird, wenn Sie mit „Ihren Jungs" da stehen.

Situation 23
Wie Adam und Eva Teams zusammenbauen

Wenn sie Teams selbst zusammenstellen, gehen Adam und Eva sehr unterschiedlich vor. Die beziehungsorientierte Eva denkt von vornherein darüber nach, mit wem sie kann und mit wem nicht. Sie grenzt automatisch Menschen aus, die ihr auf den ersten Blick unsympathisch sind, und sucht sich oft Menschen, die ihr ähnlich sind, mit denen sie sich verbunden fühlt. Dadurch entsteht eine hohe Harmonie im Team. Allerdings kann möglicherweise die fachliche Kompetenz der Teammitglieder zu sehr ins Hintertreffen geraten und das Ergebnis gefährden. Hinzu kommt, dass kleinere Reibereien und Konflikte in der Regel ein besseres Ergebnis nach sich ziehen, da sie die Teammitglieder herausfordern und zum Anders- und Querdenken animieren.

Adams sind es aufgrund häufiger Mannschaftssport- und Spielerfahrungen gewohnt, auch mal mit jemandem zu spielen, den sie nicht mögen. Am Ende geht es um die Sache und ob jemand etwas kann. Es geht also nicht darum, ob Khedira Müller mag, sondern ob sein Pass ankommt. Daher bauen Männer Teams mehr nach Fachkompetenz zusammen. Oft stellen sie sicher, dass für jede Aufgabe die perfekten Experten im Team sitzen. Dies birgt umgekehrt die Gefahr, ein Team voller Alpha-Tiere zu haben, die sich am Ende bekriegen, statt sich gegenseitig in der Zielerreichung zu unterstützen: Jeder will das Tor selbst schießen, keiner will mehr Vorlagen geben. Dieses Gerangel kann das Ziel ebenso verfehlen wie zu viel Harmonie.

 Wenn Sie ein Team besetzen, denken Sie nicht nur in Personen und welche Sie davon mögen und welche nicht, denken Sie in Rollen, das heißt, wer soll hier im Team welche Aufgaben übernehmen. Überlegen Sie, welche Fähigkeiten dafür benötigt werden, und zwar nicht nur persönliche, sondern auch fachliche.

 Wenn Sie ein Team besetzen, denken Sie nicht nur in Fachkompetenzen, sondern werfen Sie auch einen Blick auf die sogenannten Soft Skills, die sozialen und persönlichen Fähigkeiten der Teammitglieder und wie sie sich ergänzen.

 Grenzen Sie das jeweils andere Geschlecht nicht aus. Schaffen Sie soweit möglich eine gute Balance von Adams und Evas. Erst wenn diese hergestellt ist, bauen sich negative Dynamiken wie wenige verschreckte Evas unter zu vielen Adams, zu viel Gegockel durch zu viele Adams oder zu viel Zickenkrieg durch zu viele Evas ab. Holen Sie sich beim Bilden von Teams einen Sparringspartner des jeweils anderen Geschlechts dazu. Gemeinsam können Sie sicherstellen, dass Sie sämtliche Faktoren optimal ausloten, um ein leistungsfähiges, aber auch zufriedenes Team zu bauen. Machen Sie sich die Stärken des jeweils anderen Geschlechts zunutze. Keinem Adam bricht ein Zacken aus der Krone, wenn er eine Eva um ihre Meinung bittet. Führen Sie sich vor Augen, dass das Ergebnis am Ende besser wird. Und keine Eva muss in den Krieg ziehen, wenn sie mit Adams arbeitet. Es ist doch absurd, dass wir sie zu Hause lieben und im Job zum Feind deklarieren. Wenn sich Eva ihrer eigenen Stärken bewusst ist und diese auch auslebt, wird sie aufhören, sich als Opfer der feindlichen Männerwelt zu betrachten.

Beide Geschlechter tun sich übrigens schwer damit, die Qualitäten eines Bewerbers für ein Projekt zu ergründen, und damit meine ich sowohl die fachliche als auch die persönliche Qualifikation. Während Adam eher zu Übertreibungen bei seiner Vorstellung neigt, muss Eva oft aus der Reserve gelockt werden, weil sie zu bescheiden ist.

 Wenn Sie für ein Projekt einen Adam als Bewerber vor sich haben, bedenken Sie, dass er gern prahlt und angibt. Üben Sie also, kritisch zu hinterfragen, ob er wirklich geeignet ist für einen Job, zum Beispiel indem Sie ihn um konkrete Beispiele und Beweise für seine Fähigkeiten bitten. Fordern Sie belastbare Fakten von ihm ein. Sie müssen die Fehlbesetzung sonst hinterher ausbaden.

 Wenn Sie eine Eva als Bewerberin für ein Projekt vor sich haben, dann fragen Sie nicht, ob sie sich eine Sache zutraut. Fragen Sie lieber, wie sie ein bestimmtes Problem angehen würde. So können Sie belastbare Fakten sammeln und sich ein besseres Bild von der Eignung Evas machen. Motivieren Sie die Evas, sich mehr zuzutrauen. Ernennen Sie sie auch mal für ein Projekt oder eine Beförderung, ohne sie vorher zu fragen. So gelangt Evas Potenzial an die richtige Stelle, statt von ihren Selbstzweifeln erschlagen zu werden.

 Wenn Sie einem Bewerber auf den Zahn fühlen wollen, lassen Sie sich Fakten und Beweise für seine Fähigkeiten geben. Fragen Sie nach Beispielen aus der Vergangenheit. Lassen Sie sich dazu den Kontext der Situation schildern, zum Beispiel: „Ich war Projektleiter in der Firma xy und dort verantwortlich für die Einführung der Software Klapptnix." Dann lassen Sie sich erklären, wie derjenige an die Aufgabe herangegangen ist, zum Beispiel: „Ich habe zunächst den Markt analysiert im Hinblick auf Wettbewerber und Trends, dann habe ich das Projektteam aus vier verschiedenen Bereichen zusammengesetzt ..." Zu guter Letzt lassen Sie sich erklären, was konkret bei dem Projekt herausgekommen ist. Viele Bewerber lassen dies unter den Tisch fallen, vor allem natürlich, wenn es kein Ergebnis gab. Bleiben Sie hier hartnäckig, um herauszufinden, ob und was jemand wirklich bewegt hat, zum Beispiel: „Am Ende wurde die Software flächendeckend einen Monat früher als geplant eingeführt und sie lief ohne größere Zwischenfälle von Anfang an rund."

Wenn auf W-Fragen oder die Frage nach vergangenen Beispielen gar keine Substanz kommt, dann sollten Sie der Person den Job nicht geben. Ansonsten muss Eva aber einfach nur ein wenig mehr herausgefordert und Adam ein wenig mehr hinterfragt werden, um die beiden aus ihrem jeweiligen Under- beziehungsweise Overstatement herauszuholen. Wenn Sie dies beherzigen, wird Ihre Fehlbesetzungsquote sinken.

Situation 24
Wann ist Teamwork ein Erfolg?

Ist das Team formiert, prallen Adams und Evas Weltbilder erneut aufeinander, und zwar bei der Frage, wie man Teamerfolg definiert. Alle Evas wissen längst, dass im Business das Ergebnis zählt, und trotzdem ist für sie ist ein gewisser Teamerfolg bereits vorhanden, wenn alle miteinander harmonieren. Genau genommen ist dies ein Muss für die beziehungsorientierte Eva. Der schönste Teamerfolg ist für sie, eine gute Lösung zu haben, die außerdem noch allen bedingungslos gefällt. Fühlt sie sich nicht wohl, weil das Klima im Team zu konkurrenzorientiert ist oder Konflikte schwelen, dann fällt sie oft in Schweigen und zieht sich zurück. Und ein schlechtes Klima herrscht für viele Evas bereits, wenn Einzelne im Team hervorstechen. Als Kind spielte sie stets Spiele, bei denen jeder mal zu Wort kam, idealerweise zu gleichen Teilen. Daher möchte sie, dass das Team als Ganzes hervorsticht. Sie erinnern sich: Eva redet gern von „wir", bleibt selbst zurückhaltend. Erst hintenherum redet sie mit anderen über die unerträgliche Stimmung im Team oder darüber, was eigentlich hätte getan werden müssen.

Für den lösungsorientierten Adam gehört Harmonie nicht zwangsläufig dazu. Er hat zwar nichts dagegen, aber oft empfindet er ein Team, in dem auch mal die Fetzen fliegen oder sich jemand qua Hierarchie durchsetzt, als erfolgreicher als das in seinen Augen weich gespülte „Wir-liegen-alle-auf-einer-Wellenlänge"-Gehabe. Es gefällt ihm sogar, wenn er als Einzelner gut dasteht, denn das Team ist für ihn auch eine Plattform zur Selbstdarstellung.

Was die Stärken der beiden angeht, kommen nun alle Punkte wieder zusammen, die bereits in den Kapiteln über Konflikte und Meetings behandelt wurden. Eva nimmt im Team eine ausgleichende Rolle ein, ist empathisch, spürt Missstimmungen, integriert Standpunkte. Dadurch schafft sie Win-win-Situationen. Sie bringt Prozesse durch gezielte Fragen wieder ins Rollen. Nachteilig wirkt sich aus, dass Eva durch ihren Hang zur Drama-Queen Probleme schaffen kann, wo keine sind.

Adam fokussiert das Team unermüdlich auf das gewünschte Ergebnis, vor allem wenn es nach langen Diskussionen nicht mehr klar erscheint. Er bringt sich in die Vogelperspektive, um den Überblick zu behalten. Er tut auch mal etwas Unpopuläres (haut auf den Tisch oder eliminiert wenig sinnvolle Vorschläge, um vorwärtszukommen). Seine Maxime ist: „Man muss sich nicht mögen, aber gemeinsam gewinnen." Seine Mannschaftssporterfahrung kommt ihm dabei zugute. Nachteilig wirkt sich aus, dass Adams Äußerungen für Eva manchmal etwas dahergepoltert kommen und die Stimmung zerstören. Auch sein Abheben in die Vogelperspektive erscheint ihr manchmal schroff und abweisend, sein Hang zur Selbstdarstellung störend. Je weniger seiner Selbstdarstellung Respekt gezollt wird, umso mehr verstärkt er sie durch das Verkünden seiner Errungenschaften im Team. Besonders aggressiv kommt für Eva jeder Satz rüber, den er mit „Ja, aber …" beginnt. Dies gilt nicht nur für Evas. „Ja, aber" ist eine Wortkombination, die wir aus unserem Wortschatz streichen sollten, denn sie impliziert: „Interessiert mich nicht, was du sagst, jetzt will ich reden."

Eine Ausnahme ist unsere Kleinkind-Eva. Sie spielt oft die Beschützenswerte durch Bemerkungen wie „Das hat mir keiner gesagt …" oder „Ich komme da einfach nicht an die Informationen …" Mit diesen Verhaltensweisen zieht sie den Zorn anderer Evas über ihre Naivität auf sich und löst unter Adams manchmal einen Konkurrenzkampf aus, wer denn dieses zarte Wesen nun am besten beschützen kann. Mittlerweile spüren aber viele Adams im Geschäftsleben ebenfalls eher Wut über so viel Unfähigkeit. Die Kleinkind-Eva kann Teams massiv stören.

Reine Männerteams produzieren hingegen wegen Adams Tunnelblick oft keine kreativen Lösungen und lassen die Hälfte der Möglichkeiten am Wegesrand liegen. Reine Frauenteams produzieren tendenziell entweder zu wenig Ergebnis, dafür aber viel Harmonie oder (bei vielen Krawall-Evas) einen handfesten Zickenkrieg mit gegenseitiger Sabotage, zum Beispiel durch das Vorenthalten wichtiger Informationen. Letzteres geschieht, weil Evas untereinander häufig denken, dass nur eine von ihnen gewinnen und gut dastehen kann, plötzlich ist das Konkurrenzdenken dann da.

Adam und Eva haben die idealen Voraussetzungen für gelingende Teamarbeit. Während er Lösungsfokus, Vogelperspektive und Zielorientierung aufrechterhält, kann Eva Konflikte deeskalieren, Standpunkte integrieren, Ideen weiterentwickeln und Prozesse wieder anschieben. Das heißt natürlich nicht, dass die beiden nichts anderes können, es heißt nur, dass sie hier ihre jeweiligen Stärken haben. Wenn beide sie gewinnbringend einsetzen und an dieser Stelle das Feld dem jeweils anderen Geschlecht überlassen, können Teamprozesse *und* Teamergebnisse hervorragend sein. Und dann besteht Teamerfolg für beide Sichtweisen. Daher:

Konzentrieren Sie sich auf Ihre Stärken, nämlich das Wiederherstellen eines Lösungsfokus in Teamprozessen, aber beachten Sie Ihre Wortwahl. Fallen Sie Eva nicht ins Wort und stellen Sie immer klar, dass es Ihnen genau wie ihr um ein gutes Miteinander geht, zum Beispiel durch Sätze wie: „Wir haben ja alle das gleiche Ziel, sind nur unterschiedlicher Meinung, wie wir es erreichen." Das Wörtchen „Wir" spielt dabei eine große Rolle. Mit einem Satz wie: „Ich finde, wir sollten …" können Sie sich („Ich") positionieren, stellen aber gleichzeitig den Teamgedanken („Wir") her. Geben Sie an gewissen Stellen bewusst die Kontrolle an Evas ab, zum Beispiel beim Deeskalieren von Konflikten oder beim Anschieben von Prozessen. Streichen Sie das „Ja, aber" aus Ihrem Wortschatz.

Besinnen Sie sich ebenso auf Ihre Stärken und bringen Sie diese ein. Schweigen Sie nicht in Teamsitzungen. Spüren Sie Win-wins auf, integrieren Sie bereits geäußerte Standpunkte und geben Sie Adam dabei die Wertschätzung, die er so dringend braucht. Auch wenn Ihnen dies vorkommt wie Honig um den Mund schmieren, es ist wie ein Pingpong-Spiel. Sie greifen seinen Punkt auf und entwickeln ihn weiter, Sie integrieren den nächsten Punkt etc. Betrachten Sie es als kreatives Gestalten eines Puzzles mit Teilen, die nur Sie dank Ihrer Fähigkeiten zusammenfügen können, er nicht. Akzeptieren Sie, dass das Ergebnis zählt und nicht die perfekte Harmonie. Lieber ein Ergebnis ohne Harmonie als kein Ergebnis mit viel Harmonie.

Situation 25
Feedback geben und bekommen

In Teamprozessen, aber auch beim Führen von Mitarbeitern ist Feedback ein wichtiges Element, um sich zielführend zu entwickeln. Da es den klassischen Sender-Empfänger-Prozess der Kommunikation darstellt, entstehen hier oft typische Missverständnisse. Dies liegt daran, dass die beziehungsorientierte Eva die Person so schlecht von der Sache oder vom Verhalten trennen kann, was dem in Boxen denkenden Adam besser gelingt.

Eva will in erster Linie gemocht werden, daher saugt sie jedes Lob auf wie ein Schwamm, jedes kritische Feedback bereitet ihr eher Schwierigkeiten, da es infrage stellt, dass sie liebenswert ist. Sagt man ihr: „Das hätten Sie dem Kollegen nicht sagen dürfen", versteht sie nicht: „In der Situation wäre es sinnvoll gewesen zu schweigen", sondern: „Immer quatschst du zu viel." Sie nimmt Feedback als generelle Kritik an ihrer Person wahr. Oft macht sie sich dabei kleiner, als sie ist. Sätze wie: „Wie dumm von mir, das mache ich immer falsch", kommen fast ausnahmslos von Eva. Bekommt sie Lob, hört sie das zwar gern, mag es aber nicht an die große Glocke hängen. Viele Evas beziehen positives Feedback nicht auf ihre eigene Leistung, sondern spielen es herunter, im Sinne von „Ich habe da einfach Glück gehabt". Es ist ein bisschen wie das Kompliment für ein tolles Kleid, bei dem viele die fürchterliche Antwort geben: „Es war ein Schnäppchen." Dieses Herunterspielen entspringt ihrem Wunsch, mit allen gleich zu sein, die Beziehungen zu pflegen und bloß nicht aufzufallen. Für die Karriere ist das nicht förderlich, da Adam schnell glaubt, dass sie wirklich nichts dafür konnte und sich somit den nächsten Karriereschritt nicht verdient hat. Wenn sie kritisches und positives Feedback in einem Satz bekommt, wird sie die Kritik viel stärker thematisieren, sie redet ja gern über Probleme.

Bekommt Adam positives Feedback, bezieht er es ganz klar auf sein Verhalten und macht es sich weiter zunutze, indem er beispielsweise noch einen draufsetzt: „Ja, da bin ich auch stolz drauf und in der Situation xy werde ich es wieder so machen." Wenn er kritisches Feedback bekommt, trennt Adam hingegen sein Verhalten oder die Sachebene viel klarer von seiner Person. Er stellt sich nicht gleich als Person infrage, was sicher auch darin begründet liegt, dass Adams von klein auf gelernt haben, über Schwächen hinwegzubluffen, statt sich wie Eva darüber mit Freundinnen auszutauschen. Der Satz: „Das hätten Sie dem Kollegen nicht sagen dürfen", löst bei ihm aus: „Da habe ich mal einen Satz zu viel gesagt, egal, shit happens, ist vorbei, mache ich in Zukunft besser." Ihm gefällt dieses Feedback sogar, denn er ist siegesorientiert und kann so lernen, in welchen Spiel- beziehungsweise Verhaltensweisen er noch besser werden kann. Außerdem ist es ihm nicht so wichtig, ob er gemocht wird. Wegen seiner Hierarchie- und Statusorientierung ist es ihm wichtiger, geachtet zu werden.

Ihm können Feedbackprozesse aber auch generell unangenehm sein, vor allem wenn Eva ihm Feedback gibt, weil dadurch große Nähe hergestellt wird, die für ihn in seiner Hierarchieorientierung nur schwer zu ertragen ist. Er bricht dann auch mal ein Gespräch vorzeitig ab, wenn er meint, dass alles gesagt ist. Und das meint er tendenziell früher als die wortgewandte Eva. Wenn Kritik seine Karriere schädigen kann, sorgt seine Zielorientierung dafür, dass er die Schuld für den Fehler eher in seinem Umfeld sucht oder das Versagen auf äußere Umstände schiebt. Bekommt er Lob und Kritik in einem Satz, passiert es oft, dass er die Kritik gar nicht oder nur als Kleinigkeit wahrnimmt. Er fokussiert sich lieber auf sein Heldentum.

Eine Besonderheit stellt die Krawall-Eva dar. Sie hat gelernt, dass Feedback wichtig ist, und ihr wurde gesagt, dass sie sich abgrenzen muss. Daher gibt sie häufiger Feedback, als nötig wäre, und oft in einem sehr kritischen und vernichtenden Ton, auch vor versammelter Mannschaft. Sie glaubt, so ihren Status zu demonstrieren. Sie hat sich die direkte Kommunikation bei Adams abgeschaut, allerdings kann sie nicht leugnen, dass sie eine Eva ist und die Person schlecht von der Sache trennen kann. Daher wird sie manchmal extrem persönlich und verletzend. Ihr Gegenüber macht aus Selbstschutz komplett zu und Krawall-Evas Feedback prallt ab und landet im luftleeren Raum. Sie könnte es sich also gleich sparen.

Bevor wir in konkrete Situationen einsteigen, eines vorweg: Wann immer Sie jemanden kritisieren wollen oder müssen, tun Sie es unter vier Augen. Kritik vor versammelter Mannschaft ist ein absolutes No-go, egal ob Sie Adam oder Eva, Geschäftsführer oder Lehrling sind.

Wenn Adam Feedback gibt, kommt er üblicherweise schnell zum Punkt. Oft gibt er weniger positives, sondern mehr kritisches Feedback, frei nach dem Motto „Nicht geschimpft ist genug gelobt". Auf Eva wirkt dieser abrupte Einstieg sehr schroff und wenig wertschätzend. Folgende Situation ist nicht selten:

Adam: Eva, ich möchte noch einmal auf das Team-Meeting gestern zurückkommen. Sie haben da in meinen Augen gegenüber Herrn Weber überreagiert. *(Feedback bleibt allgemein und absolut)*
Eva: Ich weiß, ich rege mich immer so schnell auf. Das ist überhaupt nicht gut. *(nimmt es persönlich und denkt, sie ist falsch)*
Adam: Jetzt mal nur die Ruhe, ist kein Grund, gleich emotional zu werden. *(sagt er gern, wenn er sie nicht versteht)*
Eva: Ich glaube, wir brauchen das jetzt auch nicht weiter zu vertiefen, ist schon okay. *(geht frustriert und traurig weg in der Überzeugung, dass sie als Person falsch ist)*

Alternativ könnte Eva aber auch zickig um sich beißen, da sie verletzt ist. Dann sähe die Situation so aus:

Adam: Eva, ich möchte noch einmal auf das Team-Meeting gestern zurückkommen. Sie haben da gegenüber Herrn Weber überreagiert.
Eva: Was soll das denn heißen? Ich reiße mir seit Wochen den Hintern auf, habe die Kuh wirklich vom Eis geholt und dann kommt der mit so einem destruktiven Kommentar um die Ecke. Da ist es mein gutes Recht, dass mir der Kragen platzt. *(nimmt das Feedback persönlich und denkt, sie ist falsch. Sie vermisst eine positive Rückmeldung zu ihren Leistungen der letzten Wochen, die diese kleine Entgleisung im Meeting in Relation setzt)*
Adam: *(von dem Gefühlsausbruch überfordert)* Jetzt gehen Sie doch nicht gleich so hoch.

> Eva: *(fühlt sich noch unverstandener, noch immer hat er nicht mal eine positive Rückmeldung gegeben)* Ich glaube, ich brauche das hier gerade nicht. *(verlässt den Raum in der festen Überzeugung, dass dieser Adam ein Idiot ist und ihre Leistung nicht anerkennt. Gleich als Nächstes weint sie sich bei einer Kollegin aus)*

Wenn Eva Feedback gibt, vermischt sie gern positives und negatives Feedback. Sie stellt so eine Balance her und will zeigen, dass die Beziehungsebene in Ordnung ist. Das gleiche Verhalten erwartet sie wie im Beispiel gesehen auch von Adam. Kommt hier das Feedback zu schroff und zu unbalanciert, reagiert sie entweder resigniert oder aggressiv.

Schauen wir uns daher mal eine Situation an, in der Eva Feedback an Adam gibt. Entweder holt sie wie in der Situation unten sehr weit aus, bevor sie zum Punkt kommt, um die Beziehungsebene zu wahren, oder sie überlagert ihre Kritik mit so vielen positiven Dingen, dass bei ihm gar nichts mehr ankommt, außer, dass er toll ist.

> Eva: Adam, könnten wir mal kurz unter vier Augen reden?
> Adam: Okay.
> Eva: Gehen wir doch in mein Büro.
> Adam: Was ist denn los? *(wird langsam unruhig, da sie in seinen Augen einen Staatsakt abhält)*
> Eva: Die Situation gestern in dem Team-Meeting. Da wollte ich noch mal mit Ihnen drüber reden. *(ihr ist es unangenehm, Kritik zu äußern, daher tastet sie sich Stück für Stück an das Gespräch heran)*
> Adam: Na, was denn nun? *(wird immer nervöser, fühlt sich mit dem Rücken zur Wand)*
> Eva: Nehmen Sie es jetzt nicht persönlich, aber Ihre Reaktion auf Herrn Weber, die … na ja, die fand ich etwas zu heftig. *(klärt erst die Beziehungsebene, wie das in ihrer Welt üblich ist, bleibt in der Feedback-Formulierung ebenso vage wie Adam im Beispiel davor)*

Adam: *(überzeugt, dass sein Verhalten in der Situation ange-*
messen war, reagiert gereizt) Also, in dem Moment, da hat der
das so was von gebraucht. Er ist nämlich immer derjenige, der
seine Aufgaben nicht erledigt, und auf uns fällt es dann zurück. *(Schuld sind die anderen, damit kann er sich ihrer Inquisi-*
tion entziehen)
Eva: Das ist aber kein Grund, ihn so anzugehen. Haben Sie
nicht gemerkt, wie er mit dem Rücken zur Wand stand? *(will,*
dass er endlich einsieht, insistiert daher. Manchmal haben Evas
etwas sehr Belehrendes. Jetzt ist sie warm gelaufen und will
reden)
Adam: Der hat das gebraucht in dem Moment, und dabei
bleibe ich. Das ist unter Frauen vielleicht ein bisschen weich
gespülter. Aber ein Kerl braucht das. *(sucht einen Ausstieg aus*
dem Gespräch und grenzt sie aus, vor allem muss er seinen Sta-
tus hochhalten)
Eva: Sie können ja noch mal drüber nachdenken. *(letzter Ver-*
such, ihn zur Einsicht zu bringen)
Adam: Sonst noch was? Oder kann ich jetzt gehen? *(sucht die*
Flucht aus der Situation)
Eva: Sie können gehen, trotzdem wäre es mir wichtig, wenn
Sie es noch mal überdenken. *(hat resigniert, muss aber trotz-*
dem einen letzten Bekehrungsversuch starten)

Alternativ hier die Situation, in der Eva Plus und Minus vermischt:

Eva: Adam, könnten wir mal kurz unter vier Augen reden?
Adam: Okay.
Eva: Gehen wir doch in mein Büro.
Adam: Was ist denn los? *(wird langsam unruhig, da sie in*
seinen Augen einen Staatsakt abhält)
Eva: Ich finde, Sie machen einen super Job in dem Projekt, das
wollte ich Ihnen unbedingt noch einmal sagen. *(schiebt etwas*
Positives vorweg, damit die Beziehungsebene gewahrt bleibt)
Adam: Ja, danke. Ist ja auch ein Riesending. *(erleichtert,*

beginnt sich zu entspannen, die Welt ist wieder in Ordnung, prompt kann er noch einen draufsetzen)
Eva: Also nur eine Kleinigkeit: Ihre Reaktion auf Herrn Weber gestern in dem Team-Meeting, die … na ja, die fand ich etwas zu heftig. *(spielt das kritische Feedback runter, eigentlich hat es sie sehr gestört, dass er wie der Elefant im Porzellanladen aufgetreten ist)*
Adam: *(hört es, wie sie es sagt)* Ja, der ist mir halt auf den Keks gegangen. Kommt nicht wieder vor. Noch was? *(will die Sache mit einer Floskel ad acta legen, sieht den Punkt gar nicht so richtig ein, aber er war ja auch nicht so geäußert, dass er dramatisch wäre. Also sagt sich Adam: Die Sache hat keine Relevanz)*
Eva: Nö, wenn Sie sagen, dass es nicht wieder vorkommt, ist das okay. Dann mal wieder an die Arbeit. *(glaubt, dass dem „Kommt nicht wieder vor" eine tiefe Einsicht vorangeht und Taten folgen, weit gefehlt … im nächsten Meeting passiert genau das Gleiche wieder)*

Alle geschilderten Situationen haben eine Gemeinsamkeit: Das Gesagte ist definitiv nicht oder nicht so angekommen, wie es gemeint war.

 Betrachten Sie Feedback als Geschenk, um jeden Tag in Ihrem Handeln zu wachsen. Hören Sie genau hin, fragen Sie nach, welches konkrete Verhalten verbesserungswürdig ist, wenn Ihnen dies nicht klar ist. Bedanken Sie sich für die Rückmeldung, aber machen Sie sich nicht klein. Lassen Sie Lob unkommentiert stehen und genießen Sie es, statt es durch herabwertende Kommentare zu schmälern. Üben Sie Kritik, wo immer es nötig ist. Sie kritisieren ja nicht die Person, sondern ein bestimmtes Verhalten. Es ist nicht fair, wenn Sie anderen Menschen keine Rückmeldung über deren Verhalten geben, denn so können sie nicht wachsen und müssten quasi raten, was Sie sich vorstellen. Wenn Sie einem Adam Feedback geben, fassen Sie sich kurz und äußern Sie es eher beiläufig. Vermeiden Sie lange Frontalgespräche. Definieren Sie das konkrete Verhalten, das er ändern soll, am besten lassen Sie ihn durch Fragen selbst darauf kommen (aber bitte keine Verhörfragen). Haken Sie nur nach, wenn Sie das Gefühl haben, er tut Ihr Feedback ab. In diesem Fall kann die Frage „Ist Ihnen klar, warum dieser Punkt wichtig ist?" helfen. Wenn er sich herausredet, legen Sie noch einmal nach, um klarzumachen, dass er etwas ändern könnte. Lassen Sie Kritik wirklich Kritik sein und verwässern Sie sie nicht durch Vorgeplänkel oder zu viel Positives.

Halten Sie Feedback von Eva aus, auch wenn es länger dauert. Eva gibt keine Ruhe, ehe sie das Gefühl hat, völlig verstanden worden zu sein. Daher signalisieren Sie ihr, wenn Sie verstanden haben, zum Beispiel: „Ich sehe den Punkt und werde in Zukunft darauf achten." Sie braucht diese Rückmeldung, da sie Schweigen nicht als Zustimmung wertet. Wenn Sie ihr Feedback geben, machen Sie es unbedingt an einem klaren Verhalten fest und geben Sie ihr deutlich zu verstehen, dass mit ihr als Person nichts falsch ist. Eva nimmt Kritik oft persönlich. Ein Satz wie: „Ich schätze Ihre Arbeit sehr, nur gestern ist mir eine Sache aufgefallen, die ich Ihnen sagen möchte", wäre eine perfekte Einleitung für sie. Helfen Sie ihr, Lob anzunehmen, indem Sie ihr, wenn sie es schmälern will, auf sanfte Art den Mund verbieten.

Äußern Sie Feedback immer in Bezug auf ein konkretes Verhalten. Äußern Sie Positives getrennt von Kritik. Wenn Sie beides in einen Punkt packen, geht für Eva das Positive verloren, was wenig förderlich für ihre Motivation ist. Und für Adam geht die Kritik verloren, was wenig förderlich für das Ergebnis ist. Geben Sie regelmäßig und viel Feedback, vor allem positives. Gutes Verhalten zu duplizieren ist so viel einfacher, als schlechtes Verhalten abzustellen.

Mit dem neuen Verhaltensrepertoire können die beiden Situationen von oben ganz anders ablaufen. Zunächst einmal die Situation des Feedbacks von Adam an Eva:

Adam: Ich schätze Ihre Arbeit in dem Projekt sehr. Nur gestern in dem Meeting, da haben Sie auf die Äußerung von Herrn Weber, dass er die Zahlen nicht hatte, etwas überreagiert. Er hat Sie danach nur noch auflaufen lassen. *(nennt erst eine positive Gesamteinschätzung für die Beziehungsebene, dann ein am konkreten Beispiel festgemachtes Feedback zu ihrer schroffen Reaktion und deren Konsequenzen)*
Eva: Danke für die offene Rückmeldung. Mir ist auch aufgefallen, dass er danach wie verdreht war. Woran, meinen Sie, lag es genau? *(bedankt sich und fragt nach, welches Verhalten er konkret als Auslöser für die Reaktionen des Kollegen sah)*
Adam: Ich glaube, es war die Tatsache, dass Sie ihm vor versammelter Mannschaft gesagt haben, dass er nun zum wiederholten Male seine Zahlen nicht kennt. Da kann er ja gar nicht anders als sich wehren, wenn er sein Gesicht wahren will. *(konkretisiert und erklärt Eva gleichzeitig, wie Adams so ticken, was generell extrem hilfreich ist)*
Eva: Ja, gut möglich, dass das nicht so geschickt war. Danke für den Hinweis, ich nehme ihn mir in Zukunft lieber zur Seite. *(ist zufrieden und kann sein Feedback als Entwicklungsanstoß verbuchen. Sie hat Wertschätzung erfahren und der Punkt wurde in Relation gesetzt, daher dramatisiert sie ihn nicht)*

Und nun die Situation des Feedbacks von Eva an Adam:

Eva: *(am Rande eines Gesprächs, das sie ohnehin mit ihm hat)*
Adam, eine Sache wollte ich Ihnen noch sagen. Gestern in dem Meeting haben Sie Herrn Weber, glaube ich, sehr in Rage gebracht, als Sie gesagt haben: „Sie haben schon wieder Ihre Zahlen nicht zusammen." *(durch das beiläufige Erwähnen fühlt er sich nicht verhört, durch das konkrete Erwähnen seines Verhaltens kann er kaum ausweichen)*
Adam: Ja, aber stimmt doch auch, der hat seine Zahlen nie zusammen. *(bleibt auf der Sachebene, will noch nicht so recht vor seiner eigenen Tür kehren)*

Eva: Sie haben ja recht, hat er auch nicht. Wie hätten Sie ihm das denn vielleicht anders sagen können, sodass er sich nicht so aufregt? *(spielt die Lösung zu ihm durch eine offene Frage, lässt aber keinen Zweifel daran, dass er hier Verbesserungspotenzial hat)*
Adam: Na ja, vielleicht hätte ich ihn mir lieber hinterher zur Seite genommen. Dann hätte er sich nicht so aufregen müssen. *(löst die Situation selbst)*
Eva: Ja, wäre vielleicht die bessere Lösung. Okay, das war's. Danke Ihnen. *(weiß, dass sie nicht weiter insistieren muss. Genauso beiläufig, wie sie das Gespräch begonnen hat, beendet sie es. Er selbst hat die Lösung produziert. Sie hat automatisch verpflichtenderen Charakter als ein „Kommt nicht wieder vor". Er würde hier nichts formulieren, was er nicht auch umsetzen würde. Schließlich ist es seine Idee)*

In beiden Situationen hat das Feedback zu einer Reflexion und zur gewünschten Verhaltensänderung geführt, weil sowohl Adam als auch Eva ein paar simple Kommunikationsregeln eingehalten haben. Beide konnten gesichtswahrend aus der Situation gehen.

Bei allen Tipps zum Thema Feedback: Es gibt Menschen, die sind dagegen resistent. Entweder wollen sie sich nicht reflektieren und ändern, weil die Baustellen, die sie zutage fördern würden, zu groß wären. Oder sie sind hoffnungslos in ihrem Job überfordert und machen von vornherein zu, da sie die Informationen gar nicht verstehen, geschweige denn verarbeiten können. Sie können niemanden zur Einsicht zwingen und Sie können den anderen nicht ändern. Sie können nur zielführende Impulse setzen.

Situation 26
Die Projektabschlussbesprechung
Wenn ein Team ein Projekt abgeschlossen hat, ist es in vielen Firmen Usus, eine Projektabschlussbesprechung, eine Art Manöverkritik, durchzuführen. Ziel dieses Gesprächs ist es, zu identifizieren, was gut gelaufen ist und bei zukünftigen Projekten wiederholt werden soll und was verbesserungswürdig ist. Es geht nicht darum, Personen bloßzustellen oder Schuldige zu suchen, sondern für die Zukunft zu lernen.

Bei Eva ist das auch angekommen, daher ist sie in ihrer Kritik sehr offen und geht bis in kleinste Detail. Auch wenn das Projekt insgesamt gut gelaufen ist, findet sie Optimierungspotenzial, zum Beispiel in Form von Kommunikations- und Abstimmungspunkten, die für eine noch effizientere Zusammenarbeit sorgen. Eva optimiert nicht zwangsläufig das Ergebnis, sondern den Prozess, den Weg zum Ziel. Dadurch fördert sie oft ein hohes Effizienzpotenzial zutage. Dies funktioniert allerdings nur, wenn nicht der klassische Adam-Eva-Konflikt die Situation zunichte macht. Ähnlich verhält es sich, wenn Eva einen Fehler gemacht hat. Sie entschuldigt sich oft mehrfach dafür und hängt den eigenen Fehler an die große Glocke. Nur Krawall-Eva wird noch bei der Projektabschlussbesprechung den für den Fehler vermeintlich Verantwortlichen an den Pranger stellen.

Adam mag Evas Verbesserungswahn nicht. Für ihn ist es wichtig, dass das Projekt alles in allem gut gelaufen ist. Das kann er gar nicht oft genug betonen. Er feiert die Teamleistung ausgiebig, denn es ist schließlich auch sein Erfolg, das Team ist dadurch guter Laune und hoch motiviert. Auf Kritik reagiert er aggressiv, gerade wenn er den Projekterfolg feiern möchte. Er fühlt sich dabei ertappt, etwas nicht gut gemacht zu haben. Dieser wunde Punkt kann so weit führen, dass er an einer Aussage festhält, wenn sie offensichtlich falsch ist, nur um sein Gesicht zu wahren. Oder er lässt einen von ihm zu verantwortenden Fehler unter den Tisch fallen, und zwar während des Projekts und beim Nachgespräch. Er manövriert sich lieber weiter durch und hofft, dass keiner seinen Fehler merkt. Hintenrum holt er sich zwar Hilfe, um den Fehler auszubügeln, aber er hängt ihn nicht an die große Glocke.

Wenn jetzt die prozessorientierte perfektionistische Eva in einer solchen Besprechung auf einen Adam stößt, der gerade ein Problem

entspannt unter den Tisch hat fallen lassen, wird diese Projektnachbe-
sprechung enden, ohne dass das Ziel auch nur annähernd erreicht
wurde. Und es wird viel böses Blut geben. Das könnte wie folgt aussehen:

Adam 1: Danke an alle, das Projekt war ein voller Erfolg. Wir
haben unser Ziel um 10 Prozent übertroffen und auch noch
einen Maßstab für zukünftige Projekte etabliert.
Adam 2: Ja, das sehe ich genauso, da können wir echt stolz auf
uns sein.
Adam 3: Ich habe auch nur positives Feedback bekommen.
Eva 1: *(ihr geht die Selbstbeweihräucherung auf die Nerven, sie
findet, es ist genug gefeiert und jetzt sollten die Punkte zur Sprache kommen, die bisher nicht diskutiert wurden, damit man für
die Zukunft lernen kann)* Bei aller Freude sollten wir aber auch
einen Blick auf die Punkte werfen, die nicht so gut gelaufen
sind. Und davon gibt es ja ein paar.
Adam 1: *(wird durch ihren Kommentar aggressiv, findet den
Einwand fehl am Platz, so viel ist ja gar nicht schiefgelaufen)*
Was soll denn das heißen? Davon gibt es ein paar …?
Eva 1: Na, in den Abstimmungsprozessen waren schon noch
einige Defizite, da musste man an den Schnittstellen oft mehrfach nachhaken, das können wir besser aufsetzen.
Adam 2: *(ahnt, wovon sie spricht, hält den Punkt aber für eine
Lappalie, will ihn nicht größer machen, als er ist)* An den
Schnittstellen gibt es immer ein paar Reibungspunkte, das ge-
hört dazu. Dramatisieren Sie das nicht so, da gibt es nicht viel
zu optimieren.
Eva 1: *(fühlt sich durch das „Dramatisieren Sie das nicht so"
persönlich angegriffen, findet, dass Adam 2 sie dumm dastehen
lässt, wird zickig)* Der Einzige, der hier dramatisiert, sind Sie.
Ich stelle ja gar nicht in Abrede, dass das Ergebnis gut war.
Aber es ist ja wohl nichts schlimm daran, wenn wir offen be-
sprechen, wo wir noch effizienter werden können.
Adam 3: Für Kosmetikkorrekturen habe ich weder Zeit noch
Lust. Ich denke, wir lassen das jetzt so stehen. Darüber zu

diskutieren wäre viel Lärm um Nichts. *(steht auf und verlässt den Raum, das Meeting löst sich auf, da Adam 3 in der Gruppe Meinungsführer ist)*

In dieser Situation ging es überhaupt nicht mehr um die Sache, sondern nur noch darum, wer wie dasteht. Würden Adam und Eva ihre jeweiligen Stärken zusammenwerfen, würde aus diesem Gespräch ein sehr konstruktives Gespräch.

 Ihr Perfektionismus ist gut und wichtig, da Sie viele Dinge zutage fördern, vor allem was die Effizienz von Projekten und Prozessen angeht. Allerdings können Ihre kritischen Einwände die Motivation und Grundstimmung im Team stören, wenn Sie Ihre Kritik zu früh und mit zu viel Nachdruck äußern, wenn zum Beispiel die meisten Adams noch beim Feiern sind. Warten Sie das ab, feiern Sie mit, das tut auch Ihnen gut. Schwenken Sie erst dann mit einem einleitenden Satz um auf die Defizite und machen Sie klar, dass es um Kleinigkeiten geht, die den Erfolg überhaupt nicht schmälern sollen. Machen Sie Ihre Argumente dennoch an nachvollziehbaren Fakten fest und insistieren Sie, dass Lösungen erarbeitet werden. Thematisieren Sie Fehler, aber entschuldigen Sie sich nicht mehrfach dafür. Sie schmälern Ihre Leistung sonst unnötig.

 Feiern Sie Projekterfolge und halten Sie die Motivation des Teams damit hoch. Positives Feedback kann es gar nicht genug geben. Allerdings sollten Sie auch offen sein für kritische Einwände, lassen Sie diese nicht unter den Tisch fallen, sie sind eine Wachstumschance. Wenn eine Eva mit zu viel Nachdruck auf solchen Punkten insistiert, dann erwähnen Sie, dass Sie das gern später besprechen, jetzt aber erst einmal das Gesamtbild beleuchten möchten. Ein kurzes „Sorry" für einen Fehler (siehe Situation 21) wirkt übrigens gegenüber Eva Wunder und lässt Sie Ihr Gesicht trotz der Panne wahren.

 Aufgrund der unterschiedlichen Einstellung zu Kritik und zum Sich-selbst-Feiern ist es sehr wichtig, für beide Blöcke konkrete Zeiträume vorzusehen und die Abschlussbesprechung so zu strukturieren. Balancieren Sie die Zeit aus zwischen positivem Feedback und Feiern sowie kritischem Feedback, Fehlerthematisierung und konkreten nächsten Verbesserungsschritten. So schaffen Sie eine ausgeglichene Atmosphäre und klare Fakten.

Mit diesem neuen Verständnis könnte die vorige Situation so laufen:

Adam 1: Danke an alle, das Projekt war ein voller Erfolg. Wir haben unser Ziel um 10 Prozent übertroffen und auch noch einen Maßstab für zukünftige Projekte etabliert. Ich würde gern dieses Treffen in zwei Teile trennen. Im ersten Teil möchte ich einmal alles besprechen, was gut gelaufen ist, zum einen inhaltlich, zum anderen aber auch, was Sie an positivem Feedback sonst so gehört haben. Im zweiten Teil sollten wir uns dann ansehen, wo noch Luft nach oben ist, das heißt, was wir konkret beim nächsten Mal noch beachten können. Also sammeln wir mal: Welche Punkte waren gut?

Adam 2: Also ich finde auch, es ist super gelaufen. Da können wir echt stolz auf uns sein. Vor allem das Ergebnis mit den plus 10 Prozent lässt sich sehen.

Eva 1: Ich habe auch gehört, dass die Kunden sehr zufrieden waren mit unserem Vorgehen, da gab es nur wenige Anrufe im Callcenter.

Adam 3: Ich habe auch vom Außendienst gehört, dass die Kunden vollstes Verständnis für unsere Maßnahme haben und vom Vorstand kam ein ganz besonderes Lob für diese gefühlvolle Vorgehensweise in einer nicht einfachen Situation. *Weitere positive Aussagen folgen.*

Adam 1: Gut, dann halten wir mal fest, dass diese Punkte die wesentlichen Erfolgsfaktoren waren und dass Sie sich alle einen dicken Applaus verdient haben, sogar vom Vorstand. *(applaudiert dem Team, alle reden durcheinander, er lässt diese Pause entstehen)* Abschließend sollten wir uns einmal die

Punkte ansehen, die verbesserungswürdig wären. Welche sind das?

Eva 1: Na, in den Abstimmungsprozessen waren schon noch einige Defizite, da musste man an den Schnittstellen oft mehrfach nachhaken, zum Beispiel zwischen den Außendienstmitarbeitern und dem Vertriebsinnendienst. Da fehlte manchmal die klare Kommunikation über die neuen Termine. *(erwähnt klare Fakten und nicht so ein Gefühl)*

Adam 2: Okay, wie würden wir das lösen?

Eva 2: Ich schlage vor, dass der Außendienst, sobald er eine Rückmeldung vom Kunden hat, diese im System unter „sonstige Angaben" einpflegen kann, dann weiß der Innendienst gleich Bescheid, was draußen los ist, und kann schneller reagieren.

Adam 1. Finde ich gut, das halten wir so fest. Weitere Punkte?

Adam 3: Die Mappe mit den Materialien war nicht rechtzeitig fertig, irgendwo hing es da. Ich hake noch mal nach, was konkret in dem Prozess zu spät war, dann können wir hier beim nächsten Mal drei Tage mehr einplanen.

Adam 4: Das war mein Fehler, sorry, aber wir haben den Prozess bereits korrigiert. *(entschuldigt sich kurz und bietet gleich eine Lösung an)*

Punkt für Punkt wird abgearbeitet.

Adam 1: Super, dann haben wir jetzt alles. Also noch einmal: Ein super Job und für die Zukunft wissen wir sogar, wie es noch besser werden kann. Danke an alle. *(positives Ende ist wichtig, damit das Problematisieren nicht größer wird als nötig)*

Das Gespräch verläuft viel konstruktiver, weil beiden Bereichen ausreichend Zeit eingeräumt wird und weil die Kritik nicht so dramatisch, sondern faktenbasiert und kurz und schmerzlos abgehandelt wird. So fühlen sich alle wohler damit, sind sich nach wie vor ihres Erfolgs bewusst, und inhaltlich kommen wirklich verwertbare Punkte hinzu.

Führen und sich führen lassen

Bei kaum einem Thema sind die Verhaltensweisen von Adam und Eva inzwischen so wenig zuordenbar wie beim Thema „Führung". Adams und Evas in Führungspositionen haben bereits zahllose Seminare und Coachings zu dem Thema erhalten oder Bücher darüber gelesen. Außerdem haben Evas, die es nach oben geschafft haben, schon viele Verhaltensweisen der eher „männlich dominierten Kultur" angenommen. Sonst wären sie wohl nicht so weit gekommen. Dennoch will ich Ihnen dieses wichtige Thema nicht vorenthalten. Was nämlich trotz aller Seminare zurückbleibt, ist eine Affinität zu dem einen oder dem anderen Führungsverhalten, die es zu verstehen lohnt.

Wenn Sie im Laufe des Kapitels immer wieder bemerken, dass Sie auch viele Ausnahmen kennen, dann bedenken Sie, dass es sich um ein antrainiertes Verhalten handeln kann. Und vielleicht sagen Sie sich bisweilen mit einem Schmunzeln, dass man manchen Menschen besser nichts antrainiert hätte, denn dann wären sie nicht so verunsichert oder so schroff beim Führen und auf jeden Fall authentischer.

Situation 27
Adam und Eva und die Mitarbeiterführung
Grundsätzlich hat Adam weniger Probleme, eine Führungsrolle überhaupt anzunehmen, weil er Hierarchien und Status mag. Führungsaufgaben kennt er seit den Anführerspielchen aus seiner Kindheit. Die beziehungsorientierte Eva hingegen sträubt sich oft innerlich gegen Führungsaufgaben. Ihre Kinderspiele sind davon geprägt, dass alle gleichmäßig zu Wort kommen und alle gleich sind, Hierarchien schaden den Beziehungen. Vielleicht liegt hier tief verborgen, auch wenn Sie es nicht glauben wollen, liebe Evas, auch ein weiterer Grund für die geringe Anzahl von Frauen in Führungsetagen. Wenn man – in diesem Fall frau – sich innerlich gegen etwas wehrt, macht man es mit weniger Leidenschaft oder gar nicht. Vervollständigen Sie doch spaßeshalber einmal

den Satz „Führung ist …" Kommt Ihnen spontan etwas Negatives oder etwas Positives in den Sinn? Ist es eher negativ, sollten Sie sich positive Sätze bauen. Die Kraft unserer Glaubenssätze ist stärker, als wir denken. Was die einzelnen Führungsstile angeht, gibt es zahlreiche Studien, die belegen, dass Frauen und Männer gar nicht so unterschiedlich führen. Zwar wird Eva immer noch ein eher anleitender Führungsstil zugeschrieben, der mehr darauf ausgelegt ist, Mitarbeiter zu entwickeln; allerdings haben wir hinsichtlich gelebten Führungsverhaltens mittlerweile eine große Anzahl an Krawall-Evas, die gelernt haben, dass man beim Führen auch mal auf den Tisch hauen und unangenehm werden muss. Teilweise führen sie schroffer als Adams und vor allem kühler und distanzierter, um sich in ihrem antrainierten Verhalten zu schützen. Je höher eine Krawall-Eva im Management aufsteigt, umso härter und weniger wertschätzend führt sie oft.

Typische Eva-Stärken: Alles in allem ist es also fraglich, wie viel Führungsverhalten bei Evas überhaupt noch authentisch ist. Wenn Eva allerdings Eva durch und durch ist, besteht eine hohe Wahrscheinlichkeit, dass sie durch den starken Fokus auf die Mitarbeiterentwicklung sehr leistungsfähige und hoch motivierte Teams baut. Ihr Führungsstil wird als fürsorglicher beschrieben. Sie spürt dank ihres 360°-Radars sofort, wenn etwas in ihrem Team nicht stimmt, wenn es einem Mitarbeiter nicht gut geht. Durch ihren Prozessfokus ist sie meist gut organisiert und räumt auch mal Unsinn aus dem Weg. Die klassische Eva gibt ihren Mitarbeitern das Gefühl, vollkommen hinter ihnen zu stehen, und sie weiß oft sehr genau, bei welchem Mitarbeiter sie auf welchen Motivationsknopf drücken muss. Die Mitarbeiter fühlen sich in der Regel gut bei ihr aufgehoben und in ihrer Rolle sowie als Person wertgeschätzt. Wenn Eva für eine Sache brennt, kann sie durch ihre Emotionalität begeistern und andere mitreißen, vorausgesetzt sie untermauert ihre Ideen mit Fakten. Durch ihre Fähigkeit zu Small Talk und durch das Stellen vieler Fragen gelingt es ihr oft, eine große Nähe zu schaffen. Sie weiß zum Beispiel auch privat gut über ihre Mitarbeiter Bescheid und sorgt so für eine persönliche Atmosphäre.

Typische Eva-Schwächen: Die Gefahr bei Evas Führungsstil besteht darin, dass sie durch ihre Prozess- und Beziehungsorientierung zu sehr im Detail oder beim einzelnen Mitarbeiter hängt und zu wenig Blick für das große Ganze hat. Außerdem übernimmt sie durch das pragmatische Mitanpacken auch Aufgaben, die keine wirklichen Führungsaufgaben sind. Dadurch neigt sie zum Verzetteln und erzeugt für sich selbst eine hohe Arbeitsbelastung. Gleichzeitig wird sie von anderen durch das Selbstmitarbeiten weniger als Führungskraft anerkannt. Da sie Hierarchien nicht mag, führt sie bescheiden und leise und verkauft dadurch die Erfolge ihres Teams nicht hinreichend nach außen. Nicht selten fällt es ihr auch schwer, Grenzen zu ihren Mitarbeitern zu ziehen, zu sehr ist sie vom Gleichheitsdenken besessen. Daher teilt sie unverhältnismäßig viele Informationen, manchmal zu viele. Ihr Team hat bisweilen Probleme, das Wesentliche vom Unwesentlichen zu trennen, und erhält auch Informationen, die eigentlich nur für die Führungskraft selbst sind. Dadurch schwächt sie indirekt ihre Position. Und wenn sie von einer Sache nicht begeistert ist, kann sie dank ihrer Emotionalität nicht so gut ein Pokerface wahren. Ihr Team spürt dann sehr deutlich, wenn sie nicht hinter einer Sache steht. Ihre große Nähe, auch in privaten Belangen, wird von Adam schnell als Eindringen in seine Privatsphäre angesehen. Er macht dann zu, wird für sie undurchschaubar und verunsichert sie so.

Typische Adam-Stärken: Der klassische Adam führt hierarchischer, denn er liebt ja Hierarchien. Er baut oft große Visionen und fokussiert sich auf ein großes Ziel, sieht also den Weg dorthin weniger als die prozessorientierte Eva. Daher involviert er sich nicht zu sehr in Details, sondern dirigiert sein Team immer wieder zum gewünschten Endergebnis. Häufig erreicht er dadurch seine Ziele, weil seine klaren Richtungsweisungen Transparenz schaffen und den Mitarbeitern helfen, das Wesentliche vom Unwesentlichen zu trennen. Seine Mitarbeiter wissen in der Regel sehr genau, was zu tun ist, und haben so eine überschaubare Arbeitsbelastung. Seine Statusorientierung sorgt dafür, dass er Erfolge seines Teams sehr gut verkauft. Sein Bereich steht in der Regel also nach außen gut da. Er trennt Geschäftliches vom Privaten und ist damit für andere Adams klar berechenbar.

Typische Adam-Schwächen: Gleichzeitig verliert er durch diese Trennung und wenig Small Talk über Privates so manche Eva, die ihn als zu distanziert empfindet. Motivierter würde sie für jemanden arbeiten, der mehr von sich preisgibt. Sein eher ansagenorientierter und weniger fürsorglicher Stil führt auch zu einem gewissen Frustrationspotenzial bei Mitarbeitern, die mehr Fürsorge benötigen. Seine Hierarchie- und Statusorientierung birgt die Gefahr, dass er Erfolge zu sehr als seine eigenen und nicht als Erfolge des Teams verkauft. Gern hält er aus dem gleichen Grund auch einmal wesentliche Informationen vom Team fern, um seinen Informationsvorsprung zu sichern und Distanz zu seinem Team zu halten. Damit limitiert er seine Mitarbeiter ungewollt im Ausschöpfen ihrer eigenen Lösungs- und Gestaltungsmöglichkeiten. Adams Detailverliebtheit entspringt nicht wie Eva der Prozessorientierung, sondern eher der Angst vor Kontrollverlust. Er hat Sorge, dass in seinem Team irgendetwas passieren kann, was ihn schlecht dastehen lässt. Daher kontrolliert er oft stark jeden Schritt, vor allem bei Mitarbeitern, denen er nicht so vertraut. Dieses Verhalten kostet nicht nur Kraft und Energie, sondern hindert Mitarbeiter auch am Selbstdenken und Wachsen.

Sonderformen: Es gibt mittlerweile aber auch gerade im Bereich der Führung den – wie ich ihn nennen will – Kuschel-Adam. Er hat in vielen Seminaren gelernt, dass Empathie und Mitarbeiternähe wichtig sind. Da ihm das aber nicht auf den Genen liegt, wird er oft als zu sehr in die Privatsphäre eindringend und aufdringlich beschrieben. Genauso wie Krawall-Eva übermäßig schroff führt, führt Kuschel-Adam zu intim. Und beides stößt bei Mitarbeitern auf Ablehnung. Daher sollten beide Geschlechter sich wiederum auf das konzentrieren, was sie gut können.

Unsere Krawall-Eva fällt übrigens häufig dadurch auf, dass sie in jeden dummen Witz sexuelle Belästigung hineininterpretiert. Verstehen Sie mich nicht falsch: Es gibt sexuelle Belästigung am Arbeitsplatz, und das finde ich wirklich schlimm. Wir müssen nur aufpassen, als Evas nicht komplett überzureagieren und in jede Äußerung (wie beim Kompliment für ein schönes Outfit) etwas hineinzuinterpretieren, denn dies trägt auch maßgeblich zur Verunsicherung der Adams bei.

 Bewahren Sie unbedingt Ihre Visionen und Ihre Zielfokussierung und die damit verbundene Klarheit für Ihre Mitarbeiter. Lernen Sie außerdem loszulassen und zu vertrauen. Formulieren Sie das Ziel oder die Vision und fragen Sie Ihre Mitarbeiter mit W-Fragen, wie sie dieses Ziel erreichen können beziehungsweise wollen. So bekommen Sie ein Gespür dafür, ob die Reise in die richtige Richtung geht, ohne zu sehr kontrollieren zu müssen. Teilen Sie im Zweifel etwas mehr Informationen, als Ihnen nötig erscheint. Ihre Mitarbeiter benötigen einen gewissen Hintergrund, um eine Aufgabe zielführend zu erledigen. Scheuen Sie sich nicht davor, auch Privates preiszugeben, das macht Sie für Evas nahbarer. Verkaufen Sie die Erfolge Ihres Teams deutlich als Teamerfolge und bedenken Sie, dass manche Mitarbeiter, vor allem Evas, eine gewisse Fürsorge benötigen. Ich empfehle Ihnen, sich in puncto Führung einen weiblichen Mentor zu suchen, das heißt eine weibliche Führungsperson innerhalb oder außerhalb Ihres Unternehmens, die mit Ihrem Bereich fachlich nichts zu tun hat und mit der Sie sich daher ganz offen, ehrlich und vertraulich austauschen können. Schildern Sie bei dem Austausch, welche Situationen Sie herausfordern, und erörtern Sie mit ihr alternative Herangehensweisen. Wenn eine Eva Sie als Mentor aufsucht, sagen Sie ihr nicht, wie sie ihre Führungsaufgabe zu erledigen hat, das heißt, produzieren Sie keine Lösungen, sondern hinterfragen Sie ihren Führungsstil, zum Beispiel durch: „Was wollen Sie damit erreichen? Was haben Sie damit erreicht? Wie könnten Sie es alternativ erreichen? Ich könnte mir vorstellen, dass das Verhalten xy helfen könnte. Wie wäre das?" Sie will von Ihnen zum Nachdenken inspiriert, aber nicht entmündigt werden.

Bewahren Sie sich unbedingt Ihr 360°-Radar sowie Ihre Motivations- und Inspirationskraft. Überlegen Sie sich als Führungskraft aber auch, welches Ihre Rolle ist und ob eine Tätigkeit dieser zuträglich ist. Im Zweifel ist sie es oft nicht. Ziehen Sie sich an den Haaren aus den Details, dafür haben Sie Mitarbeiter. Dirigieren Sie Ihre Mitarbeiter zum Wesentlichen. Teilen Sie so wenige Informationen wie möglich, so viele wie nötig, um den Fokus nicht zu verlieren. Wenn Ihnen ein Weg nicht passt, Sie ihn aber gehen müssen, dann machen Sie die Augen zu und durch. Vermeiden Sie, dass Ihre Mitarbeiter Ihre Zweifel täglich spüren. Das verunsichert nur. Suchen Sie sich einen Mentor, das heißt eine männliche Führungsperson innerhalb oder außerhalb Ihres Unternehmens, die mit Ihrem Bereich fachlich nichts zu tun hat und mit der Sie sich ganz offen und ehrlich zu Führungsthemen austauschen können. Schildern Sie bei dem Austausch, welche Situationen Sie herausfordern, und erörtern Sie mit Adam alternative Herangehensweisen. Sollte Sie eine männliche Führungskraft als Mentor aufsuchen, spielen Sie sich in diesem Kontext nicht als Frau auf, die er müde belächelt, und vermeiden Sie Sätze wie „Weil ich eine Frau bin, fühle ich so etwas" oder „Wenn Sie eine Frau wären, würden Sie das merken". Es geht darum, ihm neue Perspektiven zu eröffnen, indem Sie seinen Blick auf Dinge richten, über die er von Geschlechts wegen vielleicht nicht nachgedacht hat, zum Beispiel durch die Frage: „Kann es sein, dass Ihre Mitarbeiterin sich nicht genug geschätzt fühlt? Was tun Sie, um ihr Anerkennung zu zeigen?" Betrachten Sie vor allem das Führen nicht als „Kampf" oder „Herausforderung", sondern als eine wunderbare Rolle, die Sie mit Freude ausfüllen. Sonst werden Sie viel zu verbissen und möglicherweise ist Ihr Scheitern vorprogrammiert.

 Holen Sie sich ein 360°-Feedback zu Ihrem Führungsstil ein, das heißt also von Ihrem Vorgesetzten, Ihren direkten Mitarbeitern und Mitarbeitern aus anderen Bereichen. In vielen Unternehmen ist dies gängige Praxis. Lassen Sie einzelne führungsrelevante Kriterien auf einer Schulnotenskala von 1 bis 5 bewerten.

So haben Sie einen objektiven ersten Eindruck von Ihren Fähigkeiten. Sprechen Sie in Defizitbereichen mit Ihren Mitarbeitern, welches Verhalten Sie konkret an den Tag legen und welches Ihre Mitarbeiter erwarten würden. Dieses Vorgehen gibt Ihnen sehr konkrete und für Sie und Ihren Job relevante und fundierte Informationen zu Ihrem besten Führungsstil. In der Summe ist jeder Mitarbeiter anders und hat andere Erwartungen. Hier können Sie sich gar nicht genug sensibilisieren.

Bei dem Austausch in beide Richtungen ist es hier noch viel wichtiger als sonst, dass wir das Verhalten des anderen nicht werten und uns nicht als etwas Besseres ansehen. Wir sollten uns helfen, unsere blinden Flecken zu erkennen und dort mehr Sensibilität zu bekommen, aber wir sollten uns auch in unseren Stärken stärken und unterstützen, um unser vollständiges Potenzial zu entfalten.

Noch ein wichtiger Punkt: Selbst wenn Sie offiziell Führungskraft sind, müssen Sie sich den Status, den Sie auf dem Papier haben, erst einmal erarbeiten. Da hat es Eva tendenziell etwas schwerer, da es noch nicht so viele ihresgleichen in Führungspositionen gibt. Das heißt, es wird nicht von ihr erwartet, dass sie es kann. Das ist leider in den Köpfen noch oft so, ob wir es wollen oder nicht. Wenn sich dies mit der Sorge von Eva paart, durch die Führungsrolle als etwas Höheres und Besseres angesehen zu werden (und das stört die beziehungsorientierte Eva), dann hat sie es an dieser Stelle in der Tat schwerer als Adam. Sie muss wieder einmal beweisen, dass sie die Rolle verdient hat. Und da legen ihr andere Adams und vor allem erschreckend viele neidische Evas gern mal Steine in den Weg. Oder wie erklären Sie sich, dass über die wenigen Topmanagerinnen, die es nicht geschafft haben, eine Grundsatzdiskussion über Frauen in Führung entfesselt wird, und all die Männer, die tagtäglich genauso aus ihren Führungssesseln gejagt werden, kaum mediale Erwähnung finden? Zumindest wird dann nicht auf ein ganzes Geschlecht geschlossen. Fakt ist: Führen ist eine komplexe Aufgabe, manche bewältigen sie gut, manche weniger, egal ob Mann oder Frau.

Immer wieder höre ich von meinen Klienten über Probleme, wenn der oder die Vorgesetzte dem jeweils anderen Geschlecht angehört, sodass ich zusätzlich zu den oben aufgeführten allgemeinen Unterschieden gern die vier Besonderheiten aufnehmen möchte: Eva führt Adam, Adam führt Eva, Adam berichtet an Eva und Eva berichtet an Adam. Entnehmen Sie dem für Sie relevanten Kapitel jeweils meine Tipps und Vorschläge zum besseren Umgang mit Ihrer Situation.

Situation 28
Wenn Eva Adam führt

Wenn Sie als Eva Adams führen, blenden Sie Ihr eigenes Unwohlsein aus. Möglicherweise mögen Sie Hierarchie nicht so gern. Er hingegen braucht Hierarchie, er kennt sie aus seinen Jungenspielen und aus dem Sport. Er akzeptiert den Trainer, egal ob er mit ihm einer Meinung ist oder nicht, egal ob es eine Frau oder ein Mann ist. Selbst wenn Sie anderer Meinung sind als Ihr männlicher Mitarbeiter, stellen Sie sich nicht die Frage, ob er Sie als Vorgesetzte überhaupt akzeptiert. Dieses Kino findet nur in Ihrem Kopf statt, es macht Sie als Führungskraft schwach und die Prophezeiung erfüllt sich ganz von allein. Sie wirken dann unsicher, er empfindet Sie als schwach und boykottiert Sie irgendwann. Sagen Sie sich, dass Sie gut führen können und dass es unerheblich ist, wer an Sie berichtet, ob Adam oder Eva. Sagen Sie sich täglich: „Ich bin als Vorgesetzte voll und ganz akzeptiert." Je mehr Sie diesen Satz verinnerlichen, umso mehr werden Sie so auftreten. Es hilft auch, sich ein männliches oder weibliches Führungsvorbild zu nehmen und sich zu fragen, was diese Person in gewissen Situationen wohl denkt, fühlt oder tut. Dies hilft, die eigenen Muster aufzubrechen und ein Zielbild zu verinnerlichen. Keiner ist als Führungsperson geboren. Haben Sie Geduld mit sich.

Spielen Sie vor allem Ihre Autorität nicht herunter. Für Adam ist die Chefin oft noch genauso ungewohnt wie für Sie selbst. Er hat sicher Vorurteile, und das nicht mit böser Absicht. Aber ein „Da bin ich ja mal gespannt" schwingt in seinem Kopf bestimmt mit. Er ist also genauso unsicher wie Sie. Machen Sie es ihm und sich daher leichter, indem Sie ganz klar zeigen: Ich bin hier der Trainer und wir werden zusammen viel Erfolg und auch Spaß haben. Betrachten Sie es mit Leichtigkeit. Wenn in Ihrem Kopf der Film „Das ist kompliziert" stattfindet, dann wird es kompliziert.

Seien Sie nicht zu vorsichtig in Ihren Formulierungen, aber bleiben Sie weiblich. Seien Sie präzise im Inhalt Ihrer Aussagen, stellen Sie ganz klar, dass Sie der Trainer sind, aber seien Sie nicht auf Krawall gebürstet. Krawall-Eva glaubt, ein Team-Meeting beginnen zu müssen mit: „Ich will das noch einmal ganz klar sagen, damit das hier jeder kapiert." Die klassische Eva macht das integrativer und sagt beispielsweise: „Mir ist wichtig, dass jedem hier im Raum klar ist, was wir mit dieser Maßnahme konkret erreichen wollen." Sie ist hart im Inhalt, aber weiblich weich in der Formulierung. Und damit kann sie bei Adam punkten. Kleinkind-Eva, wenn sie es jemals bis zur Führungskraft schafft, würde sich übrigens in der gleichen Situation hinter zu viel „Wir" und Konjunktiven verschanzen, und damit würde er sich aus der Verpflichtung ziehen. Sie würde sagen: „Wir sollten uns alle darüber im Klaren sein, ohne dass ich jetzt finde, dass irgendjemand das nicht ist, aber ich will es vielleicht einfach noch mal sagen, dass …"

Seien Sie sich bewusst, dass Adam viel Anerkennung und Bestätigung braucht. Er leistet lautstark, nicht heimlich, still und leise wie Eva. Es ist also wichtig, ihm Anerkennung auf der Leistungsebene zu geben, vor allem bei der Erreichung seiner Ziele, zum Beispiel durch das Erwähnen konkreter Fakten: „Durch Ihre gute Koordination des Teams sind wir schon zu 60 Prozent am Ziel." Lassen Sie Lob im Raum stehen, lassen Sie ihn als Helden erscheinen. Er braucht diese Bestätigung und wird zur Höchstform auflaufen. Lassen Sie bei Lob auf keinen Fall Zweifel mitschwingen wie: „Sie sind eine wirklich gute Führungskraft, das hätte ich so nicht erwartet." Diese Regel sollte selbstverständlich sein, egal, wen ich führe. Es ist leider immer noch so, dass wir positives Feedback nicht einfach im Raum stehen lassen können, ohne ein „Aber" hinterherzuschieben. Gerade Evas mit dem Verschönerungstick finden immer noch die kleine Stelle, an der wir etwas hätten besser machen können. Ein solches Verhalten kann Adam noch weniger verkraften als Eva, die einen gewissen Leidensdruck besser aushalten kann. Vielleicht ist es evolutionär bedingt. Wer die Kinder kriegt, muss auch mal was aushalten können. Jetzt sagen Sie bestimmt zu mir: „Sie sind ja verrückt. Ich fange doch nicht an, mich vor Adam zum Affen zu machen. Da mache ich mich ja total klein, wenn ich ihn so hofiere." Mein Tipp: Probieren Sie es einfach mal aus. In seinen

Augen wachsen Sie und er schätzt Sie mehr und mehr, denn Sie tun ihm gut. Im Stillen haben Sie mit diesem Verhalten eine immense Macht über ihn. Führen Sie sich dies vor Augen, dann können Sie Ihre Lobeshymnen auf ihn viel besser ertragen. Es ist wie zu Hause: Je mehr Sie Ihrem Partner das Gefühl geben, ein Held zu sein, umso mehr wird er Sie auf Händen tragen.

Da Adam gern selbst der Anführer sein will, wird er versuchen, allen Aufgaben zu entkommen, die unangenehm und „zu klein" sind. Schon von Kindesbeinen an äußert er durch lautstarkes Geschrei, wenn er etwas nicht will. Wenn er also keine klaren Ansagen bekommt, wird er versuchen, sich zu drücken. Manchmal gelingt ihm dies im Erwachsenenalter sogar noch durch bewusstes „blöd Anstellen", zum Beispiel wenn er Kaffee für ein Meeting bestellen soll, oder zu Hause, wenn es darum geht, das schreiende Baby zu beruhigen. Da findet er gern mal ein Opfer, das den „so komplizierten Prozess" besser versteht. Bleiben Sie hier ebenso klar und hartnäckig und lassen Sie ihn nicht davonkommen. Wenn er versucht, eine Aufgabe zurückzudelegieren, können Sie ihm gern sagen, dass Sie sich etwas dabei gedacht haben, ihn für diese Ausgabe auszuwählen.

Wie im Kapitel über Feedback gesehen, braucht Adam Kritik, um zu wachsen. Aber gleichzeitig hat er große Probleme, Kritik anzunehmen und vor allem zuzugeben, dass sie berechtigt ist. Wenn ein kleiner Junge für Handgreiflichkeiten ausgeschimpft wird, können Sie darauf wetten, dass er zu seiner Verteidigung vorbringt, der andere habe ihn zuerst gehauen und sein Verhalten sei in dem Kontext gerechtfertigt. Gern schiebt er zum Wahren seines Heldentums also die Schuld auf die äußeren Umstände. Stellen Sie daher sicher, dass Ihr Feedback ihn erreicht, indem Sie ihn mit offenen W-Fragen um eigene Lösungen bitten, zum Beispiel: „Wie können Sie in Zukunft verhindern, dass dieser Eindruck entsteht?" Sie stellen gar nicht infrage, dass dieser Eindruck entstanden ist, und führen darüber auch keine Diskussion. Sie verlagern die Diskussion vielmehr auf einen anderen Schauplatz, nämlich das Vermeiden dieses Eindrucks in der Zukunft. Er kann Ihr Feedback gesichtswahrend annehmen und gleich eine neue Lösung produzieren, ohne sich zu lange der Kritik ergeben zu müssen. Kommunizieren Sie möglichst direkt und ohne Umschweife.

Beachten Sie, ob Ihre Rückmeldung an ihn wirklich nötig ist oder ob es Ihrem eigenen Verschönerungstick entspringt. Würde ein anderes Verhalten wirklich ein besseres Ergebnis produzieren oder wäre es einfach nur nett? Vielleicht verkneifen Sie sich vor diesem Hintergrund auch mal die eine oder andere Kritik. Adam ist da etwas pragmatischer unterwegs und sucht eher nach dem Best-Practice-Ansatz, das heißt dem mustergültigen Ansatz, der Erfolg verspricht. Wenn der einmal funktioniert, behält er ihn gern bei. Wenn Sie zweifeln, ob Andersdenken wirklich fürs Ergebnis nötig ist, dann überlegen Sie, ob Sie nicht einfach einmal von ihm lernen wollen, fünf gerade sein zu lassen und sich selbst somit Zeit und Arbeit zu ersparen, die am Ende nur wenig Zusatznutzen bringen würde.

Als Führungskraft ist es außerdem sehr wichtig, zu erkennen, wann Ihr Mitarbeiter Stress hat. Adam hat oft aus anderen Gründen Stress als Eva und reagiert anders darauf. Daher ist es für Eva manchmal schwer nachzuvollziehen, warum er aggressiv reagiert oder sich zurückzieht. Beides sind für ihn typische Stressreaktionen. Für ihn hat Stress ursächlich fast immer mit Erfolgsdruck und seinem Bild nach außen zu tun. Er will gut dastehen, souverän wirken, der Beste sein. So kommt es, dass Kritik oder Fehler bei ihm besonderen Stress auslösen. In Stresssituationen erträgt er vieles, aber keinen Redeschwall von Eva. Lassen Sie ihn in Ruhe, fassen Sie sich kurz, kritisieren Sie, was zu kritisieren ist, und warten Sie dann in Ruhe ab. Er macht das Ganze mit sich aus und kommt schon irgendwann wieder aus seiner Höhle gekrochen.

Und zu guter Letzt: Adams brauchen grundsätzlich weniger Aufmerksamkeit, wenn sie geführt werden. Sie erledigen ihren Job. Sie brauchen keine fürsorglichen Fragen nach ihrem Befinden. Im Gegenteil, Sie unterschreiten damit oft seine Fluchtdistanz und er fühlt sich verhört. Denken Sie daran, wie er auf Fragen reagiert. Sie können davon ausgehen, dass es ihm gut geht, wenn er nichts anderes verlauten lässt. Und selbst wenn es ihm mal nicht gut geht, löst er seine Probleme gern allein und nicht mit weiblicher Hilfe und schon gar nicht mit seiner Vorgesetzten. Sie sind weder seine Mutter noch seine Freundin. Stellen Sie sich lieber vor, Sie sind der Trainer, dann fällt es Ihnen leichter, aus der weiblichen, oft mütterlichen Fürsorge auszusteigen.

Situation 29
Wenn Adam Eva führt

Die meisten Adams haben genauso wie Evas ein Kopfkino, was das andere Geschlecht angeht. Es rangiert von „Oh je, so viele Evas im Team, da ist Zickenkrieg vorprogrammiert" bis hin zu „Hübsch ist sie ja, mal sehen, ob sie auch was draufhat". Blenden Sie Ihre Unsicherheit und diese Vorstellungen aus und ersetzen Sie sie durch eine offene fachliche und inhaltliche Neugier. Sagen Sie sich innerlich: „Ich bin gespannt auf diese Evas und werde wie in allen Situationen einen Weg finden, gut mit ihnen umzugehen. Ich werde dabei lernen und daran wachsen." So konditionieren Sie sich auf die positive und angstfreie Offenheit, die die Situation erfordert. Wir haben oben gesehen, dass Eva oft schon mit genügend Selbstzweifeln unterwegs ist. Wenn sie Ihre Vorurteile spürt, und Sie können davon ausgehen, dass unsere 360°-Eva sie spürt, dann können Sie eigentlich gleich einpacken, weil sie niemals ihr volles Potenzial abrufen wird und somit das Ergebnis Ihres Teams leidet.

Machen Sie sich bewusst, was Eva besonders braucht. Die Anerkennung, die Sie für Ihre Leistung brauchen, benötigt sie auf der Beziehungsebene. Klar tut es ihr auch gut, wenn Sie sie für ihre Leistung loben, aber mindestens genauso viel braucht sie das Gefühl, gemocht zu werden und als Person in Ordnung zu sein. Dies ist für Sie als Adam eine schwierige Aufgabe, aber genauso schwer ist es für Eva, Sie als Held dastehen zu lassen. Wie kann es Ihnen gelingen? Indem Sie immer wieder eine Beziehungsebene herstellen, zum Beispiel durch die Frage nach dem allgemeinen Befinden oder durch bewusstes Loben der Fähigkeiten, die Sie von sich nicht kennen, zum Beispiel durch Sätze wie: „Ich weiß nicht, wie Sie das geschafft haben, aber alle im Team tanzen nach Ihrer Pfeife, Respekt." Lassen Sie ihr ihr kleines Geheimnis und bleiben Sie auch mal vage in Formulierungen in Bereichen, wo Ihnen wirklich nicht klar ist, wie sie das geschafft hat. Sie müssen nicht alles verstehen.

Hüten Sie sich als Vorgesetzter davor, Eva zu erklären, wie sie sich verhalten „muss", à la „Dem müssten Sie mal eine deutliche Ansage geben". Damit erziehen Sie sich nur Krawall-Evas, die Ihren Rat sofort umsetzen, aber eben auf ihre Art. Oder Sie verunsichern die klassische Eva, die schnell das Gefühl hat, nicht in diese Männerwelt

zu gehören. Ich höre von Evas ganz oft, dass das nicht ihre Welt sei,
alles viel zu männlich. Ich empfehle ihnen immer, in ihren Ressourcen
nach Mitteln zu kramen, wie sie der Welt begegnen können, statt sich
darüber aufzuregen. Und Sie als Adam können Ihren Beitrag dazu leisten, indem Sie sie für ihre Kompetenzen loben und nicht zu einer
Kampfmaschine erziehen.

Lassen Sie Eva ihre eigenen Lösungen finden. Wenn zum Beispiel etwas in ihrem Bereich nicht rund läuft, sagen Sie: „Eva, ich finde,
Sie machen das grundsätzlich super." (Sie erinnern sich, dass sie erst
einmal das Gefühl braucht, als Person in Ordnung zu sein. Auch wenn
es für Sie als Adam halbherzig klingt und Sie so ein Feedback gar nicht
ernst nehmen würden, sie braucht es.) Dann können Sie in Ihrer Kritik
fortfahren: „Ich beobachte, dass einige in Ihrem Team noch nicht verstanden haben, dass sie selbst für ihre Aufgaben verantwortlich sind,
zum Beispiel Frau Schmitz, die sich gestern so zurücklehnte und sagte,
sie könne da gar nichts machen." (Hier geben Sie ein konkretes Beispiel.) „Wie könnten Sie erreichen, dass Leute wie Frau Schmitz sich
mit vollem Elan einbringen? Schließlich hätten Sie ja auch einen Nutzen davon, nämlich: Sie müssten weniger selbst machen." Wie schon
beim Thema Feedback gesagt, empfiehlt es sich generell, den anderen
die eigene Lösung finden zu lassen, denn damit kann er in seinem
Kompetenzpool wühlen und kriegt nicht Ihre Lösung aufgedrückt.
Hier kommt noch hinzu, dass Sie Eva einen Nutzen für sich selbst aufzeigen, nämlich weniger Arbeit. Dies ist eine hervorragende Art, die
Beziehungsebene zu pflegen und ihr zu zeigen, dass Sie sich auch um
sie sorgen. Stellen Sie sich also bei kritischem Feedback an Evas die
praktische Fragen: Welchen Nutzen hat sie davon, wenn sie das Feedback umsetzt? So haben Sie die für sie so wichtige Beziehungsebene
gleich mit erledigt, ohne ratlos nach Ideen in dieser für Sie so fremden
Welt zu suchen. Seien Sie gewiss, dass eine klassische Eva sich diesen
Schuh anzieht, im Gegensatz zu einem Adam oder einer Krawall-Eva,
für die diese Formulierungen zu weich wären. Schauen Sie also genau,
welchen Typ Sie vor sich haben, und geben Sie demnach Eva-Feedback
oder Adam-Feedback oder Krawall-Eva-Feedback.

Gerade beim Punkt Arbeitsbelastung liegt ein großer Stress-
faktor für Evas. Sie haben leider immer noch meist den größeren Teil

der Aufgabe, Familie und Job unter einen Hut zu bringen. Gekoppelt mit dem Glaubenssatz, es allen recht machen und alles perfekt machen zu müssen, laden sie sich unendlich viele Prioritäten auf. Diese wirken auf Sie als Adam oft wie Kleinkram. Hinzu kommt, dass Eva im Gegensatz zu Ihnen bei Stress gern mal ihrem Ärger Luft macht und sich alles von der Seele redet. Dies wirkt auf Sie, als sei sie der Aufgabe nicht gewachsen. Dem ist aber nicht so. Sie muss es einfach mal loswerden. Produzieren Sie bloß keine Lösungen oder verteilen Ratschläge wie „Lassen Sie es doch liegen, das ist ja nicht Ihr Job", sagen Sie ihr nicht, was sie tun muss, das weiß sie sehr gut selbst. Zeigen Sie Anteilnahme, bieten Sie sich als Zuhörer an. Sie beruhigt sich meistens durch Reden schon wieder. Bleiben Sie gelassen. Sie hat einen Hang zur Drama-Queen.

Wir alle brauchen, wie bereits erwähnt, positives Feedback. Sie als Adam brauchen es mehr auf der Leistungsebene, Eva mehr auf der Beziehungsebene, und das heißt für Sie: Wenn Sie wollen, dass die Evas in Ihrem Team zufrieden sind (und wenn sie zufrieden sind, leisten sie ohne Ende), dann bringen Sie ihr viele kleine Aufmerksamkeiten entgegen, das heißt viel direktes positives Feedback auf allen Ebenen, sei es ihr Outfit, ihre Art, eine Situation zu lösen, eine spezielle Eva-Kompetenz. Sie braucht diese Rückmeldung und sie braucht sie meist öfter als ein Adam. Kommen Sie damit also nicht erst im Jahresgespräch. Ihre Frau zu Hause freut sich auch über den spontan mitgebrachten Blumenstrauß mehr als über die so berechenbaren Blumen zum Geburtstag oder zum Hochzeitstag (was nicht heißt, dass Sie Letztere ausfallen lassen sollten). Die meisten Adams halten Evas, die ständig Anerkennung brauchen, für schwach. Für Eva ist Anerkennung auf der Beziehungsebene aber immens wichtig. Kulturell ist das für Sie als Adam eine riesige Herausforderung, dieses ständige „Alles-ist-okay"- Gehabe oder, wie mein Sohn immer sagt, das „Wir-sind-alle-gute-Freundinnen"-Getue, aber so sind sie nun mal, die Evas. Denken Sie nicht darüber nach, ob andere Sie womöglich als Weichei ansehen, finden Sie Ihren Weg, diese Beziehungsebene zu thematisieren, und wenn es nur (siehe oben) über das Kommunizieren ihres Nutzens ist. Tasten Sie sich langsam vor, zum Beispiel durch eine positive Bemerkung pro Eva pro Tag.

Und denken Sie besonders daran, dass Eva sehr empfindlich ist,
was den Ton angeht. Genau genommen können Sie die unpopulärsten
Gedanken äußern und unangenehme Nachrichten verkünden – solange Sie dies in einem guten Ton tun und die Beziehungsebene herstellen, wird sie es akzeptieren und nicht böse sein. Wenn Sie aber
selbstverständliche Dinge im falschen Ton kommunizieren, werden Sie
sich ihren Groll zuziehen. Der Satz „Ich weiß, Sie werden das nicht
gern hören, aber das Projekt ist leider gestoppt worden" kann demnach
von ihr positiver aufgenommen werden als der Satz „Sie müssen bei
dem Projekt jetzt echt mal Gas geben". Für Sie als Adam, der gewinnen
will, wäre der Projektverlust dramatisch. Für Eva ist es zumindest ge-
fühlt dramatischer, wenn Sie ihr durch den falschen Tonfall nicht genügend Wertschätzung entgegenbringen. Es ist wie zu Hause. Ihre
Partnerin wird auf den Satz „Es tut mir sehr leid, aber ich bin heute
Abend nicht da, wenn der Besuch kommt. Ich weiß, dass du dich darauf gefreut hast, aber mein Chef hat mich ins Büro zitiert" freundli-
cher reagieren als auf den Satz „Der Kühlschrank ist ja leer". Auch
wenn Sie letzteren Satz nicht als Vorwurf, sondern als Feststellung meinen, sie wird es als Vorwurf verstehen. Wählen Sie also Ihren Tonfall
sorgfältig aus und investieren Sie in ein paar schmückende Beiworte.

Eine Besonderheit ist unsere tränenreiche Kleinkind-Eva. Sie
hat in ihrem Wortschatz viele Verallgemeinerungen wie „Immer muss
ich …", „Nie tun sie, was ich ihnen sage" oder „Ständig lässt der mich
blöd dastehen". Kleinkind-Eva ist ein Opferkind, das seine Hilflosigkeit
bewusst oder unbewusst ausspielt und Adam an einem ganz wunden
Punkt trifft. Durch die Verallgemeinerungen und Opferaussagen
bringt sie zunächst einmal nur eines zum Ausdruck, ihre eigene Un-
zufriedenheit. Für Sie als Adam ist das eine echte Strafe, eine unzufrie-
dene Frau. Was können Sie hier tun? Erst einmal ganz ruhig bleiben.
Arbeiten Sie mit Fragen, die durchaus den Gefühlszustand thematisieren, aber nicht: „Wieso weinen Sie denn jetzt?", diese Frage ist für Eva
ein Schlag ins Gesicht. Eine empathischere Frage wäre: „Was konkret
macht Sie daran so traurig?" Die Was-Fragen sind hier auf jeden Fall
am sinnvollsten, wenn ihnen noch ein Satz vorangestellt wird, der eine
gewisse Anteilnahme herstellt, zum Beispiel: „Sie sind ja total frustriert.
Was fehlt Ihnen denn bei dieser Sache konkret?" Wenn dann klassische

Opferantworten kommen, im Sinne von: „Der müsste mal Respekt lernen", was heißt, dass Eva natürlich nicht selbst schuld, sondern Opfer des Verhaltens anderer ist, können Sie diese Anteilnahme-Fragekette weiter und zielgerichteter fortsetzen, zum Beispiel durch: „Ja, das wäre natürlich am besten, wenn er das lernen würde, ich fürchte aber, er ist, wie er ist. Wie könnten Sie ihm denn in seiner Sprache klarmachen, was Sie konkret von ihm erwarten?" Es ist dabei ausnahmsweise unerheblich, ob Eva manipulativ weint und sich aufregt, um Sie an Ihrem wunden Punkt zu treffen, oder ob sie wirklich traurig und wütend ist und ihre Emotionen nicht zurückhalten kann. Mit der anteilnehmenden Fragetechnik geben Sie ihr ein gutes Gefühl, mit den sich zuspitzenden W-Fragen führen Sie sie gleichzeitig in einen Lösungsmodus, und zwar in ihren eigenen. Das ist wichtig. Und wenn sie sich nicht in diesem Modus führen lässt, ist ein Machtwort fällig.

Bedenken Sie immer, dass Evas hierarchische Töne nicht so mögen. Beachten Sie also Ihre Wortwahl. Sätze wie „Weil ich es Ihnen sage" oder „Sehen Sie zu, dass Sie das in den Griff bekommen, ist mir egal wie" stoßen Eva extrem ab. In schlimmsten Fall macht sie komplett zu, denkt innerlich über Sie, dass Sie ein arrogantes Etwas sind, und wird Sie hintenrum boykottieren. Das können Sie nicht gebrauchen, schon gar nicht, wenn Evas in nächster Zeit im Geschäftsleben zahlreicher werden, dann kippen irgendwann auch Mehrheiten.

Abschließend noch ein Punkt zur Beförderung von Evas. Als Chef sind Sie für die Weiterentwicklung Ihrer Mitarbeiter genauso verantwortlich wie für die Weiterentwicklung Ihres Geschäfts. Die Beförderung eines Mitarbeiters hat zwar auch mit objektiv messbaren Leistungen zu tun, aber wir können uns alle nicht davon frei machen, dass es auch eine Sache des Bauchgefühls ist. Da Adams häufiger verkünden, was sie Tolles geleistet haben, und die Problem-Talkerin Eva eher ihre Zweifel vorbringt, ob sie einer Aufgabe gewachsen sei, empfehle ich Ihnen, die Leistungen Ihrer Mitarbeiter sehr genau anhand klar messbarer Kriterien zu überprüfen. Machen Sie sich an dieser Stelle von Ihrem Bauchgefühl frei. Adam wird Ihnen häufig signalisieren, dass er für den nächsten Schritt bereit ist, und Eva ebenso häufig, dass sie sich noch nicht so ganz sicher ist, ob sie das kann. Entscheiden Sie dann als Vorgesetzter und verkünden Sie ihr, dass sie befördert ist.

Fragen Sie nicht, ob sie sich das zutraut, von den wenigsten werden Sie eine zufriedenstellende Antwort bekommen. Nachdem wir nun das grundsätzliche Führungsverhalten von Adam und Eva betrachtet haben, ist es vielleicht etwas einfacher, den Vorgesetzten des jeweils anderen Geschlechts zu verstehen. Dennoch möchte ich einige Besonderheiten herausstellen, mit denen Adams immer wieder kämpfen, wenn sie an Evas berichten und umgekehrt.

Oft werfen sich die beiden nämlich gegenseitig vor, das jeweils gleiche Geschlecht zu bevorzugen, zum Beispiel im Team, bei Beförderungen oder einfach im Tagesgeschäft. Dies geschieht nicht aus böser Absicht, sondern weil das gleiche Geschlecht schlichtweg vertrauter ist und die gleiche Sprache spricht.

Situation 30
Wenn Adam an Eva berichtet

Wenn Sie nun als Adam an eine Eva berichten, führen Sie sich immer wieder vor Augen, dass sie beziehungsorientiert und detailfokussierter ist. Wenn Sie also ein Ziel erreicht haben, kommunizieren Sie ihr dies nicht wie einem Adam, zum Beispiel: „Ich habe 100 000 € Kosten eingespart." Diese Information reicht der klassischen Eva oft nicht, denn sie sorgt sich möglicherweise darum, ob bei Ihren Sparmaßnahmen jemand Schaden genommen hat. Sie würde Sie dann als Menschen wahrnehmen, der eiskalt über Leichen geht. Dabei könnten Sie es mit einer kleinen Zusatzinformation für sie leichter machen und sich selbst in ein besseres Licht rücken, zum Beispiel indem Sie sagen: „Ich habe 100 000 € Kosten eingespart. 75 000 € habe ich problemlos gemeinsam mit Herrn Schmidt in seinem Bereich identifiziert, 25 000 € mit ein bisschen Zähneknirschen bei Frau Weber, Herrn Schulz und Herrn Siegmund über deren Bereiche verteilt. Sie haben die Notwendigkeit aber eingesehen, und es ist für alle in Ordnung." Zugegeben mag Ihnen es als Adam überflüssig vorkommen, den gleichen Sachverhalt mit fünf Sätzen zu umreißen, das Ergebnis ist aus Ihrer Sicht schließlich das gleiche. Aus Evas Sicht aber nicht. Daher lohnt sich dieser Aufwand, vor allem der Nachsatz, dass es selbst für die „schwierigen Fälle" okay war. Sie sparen sich so eine Menge Rückfragen. Ist Ihre Vorgesetzte allerdings eine Krawall-Eva, dann können Sie sich die Nachsätze sparen.

Beleuchten wir Krawall-Eva etwas näher. Denn in vielen Führungspositionen finden wir sie häufiger als die klassische Eva. Sie hat oft einen herrischen Ton, gibt kurze und knappe Ansagen und ist für die meisten Adams zwar zunächst vertraut, aber dann aufgrund der fehlenden Weiblichkeit doch nur schwer zu ertragen. Je unwohler oder unsicherer sie sich in der Rolle der Führungskraft fühlt, umso mehr versucht sie es durch harsches Auftreten zu überspielen. Seien Sie sicher, liebe Adams, dass Krawall-Eva es nicht so meint. Sie denkt, sie muss eine Rolle ausfüllen auf eine bestimmte Art. Sie denkt, sie muss Sie kopieren. Vielleicht können Sie dann ein bisschen Mitgefühl empfinden für diese Frau, deren Leben so hart, schwer und ungerecht ist. Der Umgang mit ihr ist schwierig. Ob Sie hier etwas ausrichten können, hängt maßgeblich davon ab, wie weit sie sich überhaupt gegenüber Feedback öffnen kann. Wenn Sie das Gefühl haben, Krawall-Eva ist dafür offen, dann geben Sie ihr Feedback. Denken Sie dabei an die Regeln des Feedbacks an Eva, das heißt, sagen Sie ihr, dass sie einen prima Job macht, dass Sie sich aber in einer konkreten Situation beispielsweise ein anderes Verhalten von ihr gewünscht hätten. Warten Sie nicht auf ihre Rückmeldung. Lassen Sie es beiläufig fallen. Wenn sie annähernd selbstreflektiert ist, wird sie darüber nachdenken und Ihre Kritik annehmen. Aber erwarten Sie nicht zu viel, manche Krawall-Evas sind sehr verbittert und haben sich aus Selbstschutz so hinter einer Fassade verschanzt, dass Ihre Worte nicht zu ihnen durchdringen. Jede kritische Äußerung verunsichert sie noch mehr. Vielleicht hilft Ihnen diese Erkenntnis, wohlwollend an sie zu berichten.

Während die Krawall-Eva ihre Unsicherheit in übertriebene Aggressivität kanalisiert, wählt die klassische Eva einen anderen Weg. Sie ist keineswegs unfähig zu führen, es ist nur eine Rolle, in der sie nicht so von Kindesbeinen an trainiert ist wie Sie als Adam und in der sie sich nicht gleich so wohlfühlt. Inhaltlich ist sie der Rolle gewachsen und wird sie auch ausfüllen, jedenfalls ist sie rein fachlich sicher nicht schlechter als er, oft eher besser. Legen Sie ihr also vage Formulierungen, Konjunktive, scheinbar unklare Ansagen nicht als Schwäche aus. Sie wird ihre Erwartungen Ihnen gegenüber möglicherweise nicht explizit formulieren, vielleicht sagt sie: „Könnten Sie eventuell ...", und meint damit: „Bitte machen Sie ..." Vielleicht sagt sie: „Ich brauche

Ihre Hilfe …", meint damit aber keineswegs: „Ich kann das nicht …",
sondern: „Bitte machen Sie …" Auf der nächsten Seite finden Sie eine
Tabelle, in der ich typische Eva-Aussagen und deren Bedeutung für
Adam zusammengefasst habe. Eventuell finden Sie die eine oder andere Aussage Ihrer Vorgesetzten darin wieder. Vielleicht stellt sie viele
Fragen, nicht weil sie keine Ahnung hat oder Sie verhören will, sondern
um Standpunkte zu integrieren, verschiedene Gedanken mit ihrem
360°-Radar zu erfassen. Vielleicht verliert sie sich an manchen Stellen
in Details und erscheint Ihnen nicht visionär genug. Dann geben Sie
Eva konstruktives Feedback, im Sinne von: „Das ist sicher ein wichtiger
Punkt, und ich finde auch wichtig, dass …" Geben Sie ihr das Gefühl,
auf ihrem Gesagten aufzubauen, und fügen Sie Ihre visionäre Komponente hinzu. Aber geben Sie ihr nie das Gefühl, dass sie sich sinnlos in
Details verrennt. Sie hat feine Antennen und wird konstruktives Feedback als Vorgesetzte eher annehmen.

Wenn Eva in Ihren Augen zu viel hinterfragt und sich zu sehr in
Details involviert, dann fühlen Sie sich nicht kontrolliert. Es hat nichts
mit Misstrauen Ihnen gegenüber zu tun, es ist ihr Verschönerungstick.
Helfen Sie ihr auch hier mit Feedback, sagen Sie ihr, dass diese Bedenken nicht unwichtig sind, dass es aber in Ihren Augen jetzt noch wichtiger wäre, ins Handeln zu kommen. Erklären Sie, warum Sie das so
sehen. So eröffnen Sie ihr eine andere Perspektive auf Ihre Welt.

Vielen Adams fehlt bei einer vorgesetzten Eva die Klarheit darüber, woran sie gemessen werden, was wirklich wichtig ist. Fragen Sie
in diesem Fall nach, und zwar möglichst konkret und plakativ. So bringen Sie sie aus ihren komplexen Denkmustern auf eine einfache, pragmatische Schiene. Fragen Sie beispielsweise: „Woran werde ich bei
dieser Aufgabe gemessen?" oder „Was sind die Erfolgskriterien für dieses Projekt?" Nachfragen, Feedbackgeben und manchmal einfach lernen, die Zwischentöne zu verstehen, wird Ihnen hoffentlich helfen, die
vorgesetzte Eva nicht als feindliches Wesen zu sehen, sondern konstruktiver mit ihr zusammenzuarbeiten. Weitere hilfreiche Formulierungen finden Sie in der Tabelle auf der nächsten Seite.

Üben Sie das Loslassen und Vertrauen. Seien Sie wohlwollend
gegenüber einer Führungs-Eva und sehen ihre Stärken, statt sich
auf ihre Schwächen zu konzentrieren.

Übersetzungshilfen für Adam mit einer weiblichen Vorgesetzten

Eva sagt	Übersetzung für Adam
Ich brauche Ihre Hilfe …	Bitte tun Sie xy.
Man müsste mal …	Bitte tun Sie xy.
Würde es Ihnen was ausmachen …	Bitte tun Sie xy.
Wir müssten …	Bitte tun Sie xy.
Was wir nicht vergessen dürfen …	Denken Sie bitte daran, dass …
Ich glaube, es ist wichtig, dass Sie hier etwas vorsichtiger agieren.	In dieser Situation haben Sie Herrn xy vor den Kopf gestoßen. Achten Sie in Zukunft darauf, dass Sie ihm Kritik unter vier Augen entgegenbringen und nicht vor versammelter Mannschaft.

Mitarbeiter Adam sagt	So sagt er es ihr besser
Ich verstehe überhaupt nicht, was Sie jetzt von mir wollen.	Ich verstehe den Hintergrund. Was soll ich jetzt genau tun?
Sie sollten jetzt einfach mal eine Entscheidung treffen.	Es ist wichtig, dass wir möglichst konstruktiv arbeiten, nur glaube ich, dass wir nicht alle unter einen Hut kriegen. Wegen der knappen Zeit müssen wir jetzt eine Entscheidung treffen, mein Vorschlag wäre Entscheidung A.
Sie können es nicht allen recht machen.	Es ehrt Sie, niemanden vor den Kopf stoßen zu wollen, aber ich fürchte, hier haben wir keine Wahl. Einer zieht den Kürzeren, dafür kommen wir mit dem Projekt vorwärts.
So kommen wir nie vorwärts.	Damit wir unser Ziel rechtzeitig erreichen, wäre es in meinen Augen wichtig, dass Sie die Diskussion qua Hierarchie beenden.

Situation 31
Wenn Eva an Adam berichtet

Wenn Sie als Eva an einen Adam berichten, bedenken Sie: 1) Er will gewinnen und als Held dastehen, 2) Für ihn ist die Führungsrolle mit den klaren und knappen Ansagen eine Selbstverständlichkeit. Sie wissen ja: Er kennt dieses Verhalten von Kindesbeinen an und hat es über jahrelangen Mannschaftssport verfestigt. Und da wird gemacht, was der Trainer sagt. Er erwartet demnach von den Mitspielern in seinem Team, dass sie tun, was er sagt, oder dass sie bei fundamental anderer Meinung diese konkret äußern. Womit er gar nicht umgehen kann, sind Mitspieler, die „weinen" oder ständig alles hinterfragen und somit ihn infrage stellen.

Für die klassische Eva wirkt der führende Adam schroff, seine Ansagen zu knapp und wenig einfühlsam. Oft höre ich von Evas Sätze wie: „Mein Chef hört mir gar nicht zu, er sagt, was ich tun soll, aber ansonsten bin ich ihm egal." Lernen Sie als Eva, hier nicht zu viel zu erwarten. Er ist ziel- und lösungsorientiert, er will mit seinem Team gewinnen. Stellen Sie sich einen Trainer vor, der vor jedem Spiel jeden einzelnen Spieler nach seiner Befindlichkeit fragt. Das Ziel wäre gefährdet! Spieler 1 hat schlecht geschlafen, weil sein Baby die ganze Nacht gebrüllt hat, Spieler 2 stand zwei Stunden im Stau und ist genervt, Spieler 3 hat wetterbedingt Kopfschmerzen und Spieler 4 einen Riesenehekrach. Wenn der Trainer das alles weiß, glaubt er bald selbst, mit so vielen Problemen an Bord das Spiel nicht gewinnen zu können. Und damit wäre er ein schlechter Trainer. Untereinander kommen seine Spieler dann auch noch ins „Weinen" und ins kollektive Problemeaustauschen. Also, liebe Evas, es ist oft sinnvoll, seine Befindlichkeiten nicht loswerden zu dürfen. Üben Sie, sich auf das Ziel zu fokussieren. Das kann auch von vielen Baustellen ablenken, die Sie als 360°-Eva im Kopf haben.

Gerade Mütter fühlen sich oft von ihren Chefs nicht verstanden, wenn zum Beispiel ein Kind krank ist und sie stundenweise von zu Hause arbeiten müssen. Leider hängt diese Verantwortlichkeit doch noch in vielen Familien bei den Frauen. Das Unverstehen liegt nicht daran, dass sie eine Eva sind, sondern wie sie kommunizieren. „Ich bin so arm und mein Chef versteht meine Doppelbelastung nicht" ist kein zielführender Ansatz. Machen Sie ihm deutlich, dass Sie voll und ganz für die Sache da sind, aber darum bitten, ein paar Rahmenbedingungen ändern zu dürfen. Sagen Sie ganz konkret, was Sie von Ihrem Adam als Chef benötigen, aber weinen Sie nicht und klagen Sie nicht über mangelnde Beachtung. Er wird Sie sonst als mimosenhaft und inkompetent empfinden. In den Tabellen auf den folgenden Seiten finden Sie einige Beispiele, wie seine Äußerungen zu verstehen sind und wie Sie Dinge anders ausdrücken können, damit er Sie versteht und unterstützt.

Stellen Sie bei allem, was Sie tun und sagen, sicher, dass Sie ihn als Trainer anerkennen. Ein guter Mitarbeiter macht seinen Chef glücklich. Wenn Sie ihn glücklich machen, dann fühlt er sich als Held und kann den Ruhm für die Leistung seines Teams kassieren. Das klingt für Sie als beziehungsorientierte Eva unterwürfig und Sie finden, dass er sich mit fremden Lorbeeren schmückt? Das liegt in der Natur einer Hierarchie. Wenn Sie Ihren Chef boykottieren, ziehen Sie auf jeden Fall den Kürzeren. So haben Sie wenigstens die Möglichkeit, miteinander zu funktionieren. Es gibt sogar Adams, die Mitarbeiter bewusst klein halten, um selbst gut dazustehen. Das Schlimmste für ihn wäre, wenn ein Mitarbeiter ihm die Show stiehlt. Sie haben hier nur zwei Möglichkeiten: Sie akzeptieren, dass er der Boss ist und den Ruhm kassiert, und sagen ihm mal unter vier Augen, dass Sie es wichtig fänden, wenn er die Leistung des Teams mehr herausstellte. Oder Sie sägen wirklich an seinem Stuhl, und das schaffen Sie nur, indem Sie Ihre Leistungen klar und flächendeckend kommunizieren, um in der Organisation Sichtbarkeit zu erlangen. Wenn Sie ihm gegenüber aber ständig mosern und sich beklagen, dann schwächen Sie ihn in seinem Heldentum, und da wird er als Vorgesetzter die berühmten längeren Hebel in Bewegung setzen. Sie können mit dieser Strategie nicht gewinnen.

Wenn Sie Kritik haben, überlegen Sie, ob es zielrelevante Punkte sind, oder nur Dinge, die Sie als Vorgesetzte anders machen würden, die aber nicht unbedingt besser zum Ziel führen. Im letzten Fall ermutige ich Sie, einfach zu tun, was er sagt. Er wird Sie sonst irgendwann ausschalten, denn Quertreiber kann er in seinem Team nicht gebrauchen. Suchen Sie sich Ihre entscheidenden „Schlachtfelder" aus und kämpfen Sie nicht an allen Fronten. Wenn Sie berechtigte Kritikpunkte

haben, sprechen Sie darüber unter vier Augen mit ihm. Weinen Sie
sich nicht bei Kolleginnen aus. Dieses stille „heimliche Leiden" führt
nur zu noch mehr Frustration und schlechter Stimmung und selbst
Adam wird irgendwann mitbekommen, dass etwas nicht stimmt. Auch
wenn er es nicht versteht, werden Sie ihm ein unangenehmer Mitspieler sein und er wird Sie ausbremsen.

Ich bin der festen Überzeugung, dass sich viele Evas ihr eigenes
Grab durch unglückliches Verhalten gegenüber einem männlichen Vorgesetzten schaufeln. Natürlich fällt es uns leichter, an eine Eva zu berichten, meistens jedenfalls. Genauso wie Adam sich leichter damit tut,
an einen Adam zu berichten. Aber wenn wir einige Regeln des Mitein-
anderumgehens beachten, können wir unser Bild der Welt um eine zusätzliche Perspektive bereichern. Und wenn wir unsere Energie darauf
verwenden, uns dem anderen Geschlecht gegenüber geschickter zu verhalten, statt uns darüber hintenherum aufzuregen (Eva) oder davor zu
resignieren und es auszubremsen (Adam), können wir gemeinsam viel
bessere Ergebnisse erreichen und dabei auch noch Spaß haben.

Adam sagt	Übersetzung für Eva
Sorgen Sie dafür, dass das funktioniert.	Sie machen einen prima Job. Um das Ziel zu erreichen, ist es wichtig, dass dieser Schritt funktioniert. Ich weiß, Sie können das.
Bitte erledigen Sie das sofort.	Wir müssen hier alle zusammen möglichst schnell arbeiten, damit wir ans Ziel kommen. Ihr Schritt ist der nächste, der brennt.
Es wird Zeit, dass Sie mal auf den Tisch hauen.	Sie haben das bisher prima gemacht. Damit wir das Ganze jetzt ohne großen Widerstand zum Erfolg bringen, dürfen Sie ruhig hier einmal härter eingreifen. Das halten die schon aus.
Wir können uns diesen Verzug nicht leisten.	Bitte geben Sie Gas, ich brauche Sie jetzt!

Mitarbeiterin Eva sagt	So sagt sie es ihm besser
Ich komme heute später ins Büro, mein Kind ist krank.	Ich bin mit Hochdruck an der Sache dran, und zeitlich ist alles auf Spur. Daher möchte ich Sie bitten, heute zwei Stunden später kommen zu dürfen. Mein Kind ist krank.
Ständig schlägt Herr Schmitz quer.	Mir ist aufgefallen, dass Herr Schmitz oft querschlägt. Ich brauche da Ihre Hilfe: Könnten Sie mal mit seinem Vorgesetzten reden, damit wir ungehindert weiterarbeiten können?
Warum muss denn unser Bereich das machen?	Ich würde gern kurz verstehen, warum wir das Projekt übernehmen, denn ich hätte gedacht, es gehört in Frau Webers Bereich. *(Alternativ können Sie diese Frage auch ganz bleiben lassen. Denn wenn er es entschieden hat, hat er es entschieden)*
Sollten wir nicht erst die Meinung von Herrn Meyer einholen?	Ich finde das absolut den richtigen Weg und ich glaube, wenn wir vorher noch die Meinung von Herrn Meyer einholen, haben wir Ruhe bei der Umsetzung. Was meinen Sie?

Kritik am Vorgesetzten ist übrigens, egal in welche Richtung, immer ein heikles Thema. Sie sollten sich immer gut überlegen, ob sie wirklich nötig ist. Adam fühlt sich dadurch schnell im Heldentum infrage gestellt, Eva in der Harmonie gestört. Es sollte also schon einen fundamentalen Grund geben. Ansonsten hilft es, einfach mal zu akzeptieren, was der oder die Vorgesetzte will. Dafür ist sie oder er ja vorgesetzt, auch wenn die Zyniker unter Ihnen mir jetzt sagen, dass sie sowieso nicht verstehen, wie das passieren konnte.

Situation 32
Delegieren oder eine delegierte Aufgabe empfangen
Eine weitere Geschäftssituation, in der ohnehin schon oft Enttäuschungen vorprogrammiert sind, ist das Delegieren von Aufgaben. Oft bekommen wir nicht das zurück, was wir delegiert haben, und machen es am Ende selbst oder bessern nach. Und da spielt es noch nicht einmal eine Rolle, ob Adam oder Eva delegieren.

 Halten Sie folgende Schritte ein, und Sie erhöhen die Chance auf ein gutes Ergebnis:
1. Ganz klar das gewünschte Ergebnis formulieren, zum Beispiel: „Eine nach Umsatzgrößen sortierte Kundenaufstellung, basierend auf dem Umsatz des Vorjahres".
2. Hilfsmittel, Richtlinien, Grenzen erwähnen, zum Beispiel: „Als Excel-Tabelle mit Jahresumsätzen, aufs Quartal heruntergebrochen, aber keine Monatsumsätze".
3. Der Person, an die ich delegiert habe, eine offene Frage stellen, zum Beispiel: „Nur damit wir von der gleichen Sache reden, was tun Sie jetzt als Nächstes?" Der größte Fehler, den wir hier machen, ist, dass wir fragen: „Haben Sie verstanden?" oder: „Wissen Sie, was nun zu tun ist?" Auf diese Frage antwortet niemand gern mit Nein, ein echter Adam schon gar nicht. Daher ist die offene W-Frage am Ende wichtig, um eine Rückmeldung zu bekommen, ob die Reise in die richtige Richtung geht. Wenn nicht, können Sie noch einmal gezielt gegensteuern.

Unabhängig von dieser allgemeinen Regel kommt zwischen Adam und Eva eine erschwerende Bedingung hinzu. Wenn er delegiert, kommuniziert er meist im Aufforderungsstil und sehr direkt, zum Beispiel: „Bitte kopieren Sie mir die Seiten 20–40 zweimal, sortiert und getackert."
    Diese Art der ziel- und lösungsorientierten Kommunikation hat den Vorteil, dass sie kurz und präzise ist, die Informationen und das gewünschte Ergebnis klar erkennbar sind. Die beziehungsfokussierte Eva möchte mehr „abgeholt werden" und wünscht sich eine harmonischere, weniger „unfreundliche" Ansprache. Oft führt sie die Aufgaben wegen der Schroffheit der Kommunikation widerwillig aus. Das kann

so weit gehen, dass sie absichtlich Fehler in die Aufgabe einbaut, die den delegierenden Adam am Ende schlecht dastehen lassen, und das „nur", weil sie sich über den Ton geärgert hat.

Evas Beziehungsorientierung sorgt dafür, dass sie sich schnell unwohl fühlt, wenn sie andere um etwas bittet. Dabei spielt es keine Rolle, ob es ihr von ihrer Funktion her (zum Beispiel als Vorgesetzte) zusteht, zu delegieren. Gerade unliebsame Aufgaben macht sie manchmal selbst, weil sie diese anderen nicht aufladen will. Hinzu kommt, dass ihr Perfektionismus ihr stellenweise das Delegieren verwehrt. Sie hätte die Dinge gern genau so, wie sie es für richtig hält, bis ins letzte Detail (ihr Verschönerungstick). Daher fällt es ihr schwer, Aufgaben überhaupt abzugeben und loszulassen, denn damit gibt sie ja auch die Kontrolle über das perfekte Ergebnis ab. Für eine Eva in einer Führungsposition ist dies ein Killer, da sie Kleinkram und andere Dinge selbst erledigt, statt sich auf Führungsaufgaben zu konzentrieren. Kein Wunder, wenn sie dann nicht als Führungspersönlichkeit anerkannt wird. Außerdem wird ihre mangelnde Fähigkeit, loszulassen, als Misstrauen in die Kompetenz ihrer Mitarbeiter gewertet. Spätestens an dieser Stelle wird Adam nicht mehr kooperieren, denn solches Misstrauen ist für ihn die Höchststrafe. Hier liegt für mich ein häufiger Grund, warum Evas in Führungspositionen scheitern.

Wenn sich Eva dann zum Delegieren durchringen kann, sind ihre Ansagen eher versteckt. Sie verwendet Höflichkeitsfloskeln und indirekte Sprache, um dem Gegenüber Verbundenheit zu zeigen. Tief in ihrem Innern entschuldigt sie sich damit quasi dafür, dass sie dem anderen die Arbeit aufbürden muss. Überspitzt hört sich ihr Delegieren für die gleiche Situation so an: „Ich weiß, es ist ein blöder Job, aber könnten Sie die Seiten 20–40 zweimal kopieren? Das wäre sehr nett."

Vor lauter Höflichkeit und Bescheidenheit fehlen sogar wichtige Informationen, wie „sortiert und getackert". Für Adam ist diese Sprache schwer zu verstehen. In seinem Kopf spielt sich Folgendes ab: „Könnten Sie? – Klar kann ich, aber soll ich jetzt auch? Ein blöder Job – ja, das ist es, dumme Kuh, da brauchst du mich nicht auch noch drauf zu stoßen. Wäre nett – also will sie jetzt, dass ich das mache, oder nicht?" Seine Zielorientierung beinhaltet ein Effizienzdenken und daher tut er nichts, was nicht unbedingt sein muss. Vage Formulierungen wertet er als Unklarheit, ob die Aufgabe wirklich nötig ist. Die Gefahr besteht, dass er die Ansage nicht ernst nimmt und nichts macht oder mit einem „Muss das sein?" versucht, der Aufgabe zu entkommen.

Im privaten Bereich warten viele Evas darauf, dass ihr Adam schon merkt, wenn sie Hilfe brauchen oder etwas zu tun ist. Aber er hat nicht dieses 360°-Radar. Die Wahrscheinlichkeit ist groß, dass er an der vollen Mülltüte vorbeiläuft, statt sie zum Mülleimer zu bringen, wenn sie nicht den Satz „Bringe bitte den Müll in die Mülltonne!" hervorbringt. Hinzu kommt, dass Eva oft viele Sätze verwendet, um eine einfache Aufgabe zu delegieren. Er kann mit dieser Wortflut nicht umgehen und hat Schwierigkeiten, die relevanten Informationen aus ihrer Höflichkeitssprache herauszufiltern.

Krawall-Eva delegiert noch schroffer als Adam. Sie lässt neben den Höflichkeitsfloskeln auch wichtige Informationen weg, sie würde beispielsweise sagen: „Zwei Kopien, bitte", und womöglich den Papierstapel laut auf den Tisch knallen. Delegiert sie so an eine Eva, kriegt sie vermutlich eine extrem schlampige Ausführung zurück. Delegiert sie so an einen Adam, kriegt sie wahrscheinlich einen unsortierten Stapel Papier zurück, weil ihm wichtige Informationen gefehlt haben, wie zum Beispiel „sortiert und getackert". Und er würde sich niemals die Blöße geben, rückzufragen.

 Denken Sie daran, dass Sie auf Eva beim Delegieren stellenweise schroff und unhöflich wirken. Bleiben Sie Ihrer präzisen Ansage treu, denn sie schafft Klarheit, aber ergänzen Sie ein bis zwei Sätze, um Eva „abzuholen", indem Sie ihr zum Beispiel erklären, warum die Aufgabe wichtig ist. So ist für sie neben der Sachebene eine gute Beziehungsebene hergestellt und sie akzeptiert selbst unliebsame Aufgaben einfacher. Übrigens: Ein Lächeln am Ende des Delegierens wirkt Wunder bei Eva.

Im Fall der Kopien könnte dieses neue Verhaltensrepertoire wie folgt umgesetzt werden: „Eva, bitte kopieren Sie mir die Seiten 20–40 zweimal, sortiert und getackert. Ich brauche sie für das Meeting mit dem Geschäftsführer, was sehr wichtig ist. Er soll einen guten Eindruck von unserem Bereich bekommen." *(lächelt)*

Delegieren Sie immer, wenn es Ihnen von der Rolle her zusteht. Machen Sie nicht Kleinkram selbst, um andere zu schonen oder Ihrem Kontrollwahn gerecht zu werden. Sie werden sonst nicht als Führungsperson anerkannt. Kommunizieren Sie im ersten Satz präzise und mit allen Fakten, was Sie vom anderen erwarten, auch wenn es Ihnen schroff vorkommt. Vermeiden Sie zu viele Höflichkeitsfloskeln wie „Es wäre nett" oder „Wenn es Ihnen nichts ausmacht". Sie verwässern Ihre Botschaft. Ersetzen Sie „Können/Könnten Sie …" durch „Würden Sie bitte" oder „Machen Sie bitte", damit Adam nicht denkt, er hat eine Wahl. Wenn Sie sich mit diesen knappen Ansagen unwohl fühlen, bauen Sie noch eine Anerkennung für ihn und sein Wissen ein. Dann fühlt er sich wohl und für Sie stimmt die Beziehungsebene. Diese darf aber nicht die eigentliche Botschaft verwässern.

Im Fall der Kopien könnte dieses neue Verhaltensrepertoire so umgesetzt werden: „Adam, würden Sie mir bitte die Seiten 20–40 zweimal kopieren, und zwar bitte sortiert und getackert. Ich brauche sie für das Meeting mit dem Geschäftsführer. Sie wissen und haben ja selbst letztens gesagt, wie wichtig es ist, dass wir bei ihm in einem guten Licht dastehen." *(gibt ihm Anerkennung für sein Wissen, ohne die von ihm geforderte Aufgabe infrage zu stellen)* Eva wird sich wahrscheinlich nie so kurz fassen wie Adam und er nie so weit ausschweifen wie sie. Das ist auch okay so. Wichtig ist, dass für den anderen Wertschätzung rüberkommt und die Fakten präzise genug bleiben.

Wenn Adam und Eva eine Aufgabe delegiert bekommen, gibt es noch eine weitere Besonderheit. Die beziehungsorientierte Eva hat häufig den Drang, die Aufgabe sofort umzusetzen und dafür alles andere stehen und liegen zu lassen. Durch dieses Verhalten wird sie oft ausgenutzt und bekommt Aufgaben delegiert, die sie gar nicht ausführen müsste. Aber ihre Verlässlichkeit ist ja so bequem für den Vorgesetzten. Sie setzt sich damit im Status unnötig herab. Manche Evas machen sich schon fast zum Sklaven. Und das halten sie so lange aus, bis das Fass überläuft und sie auf extrem emotionale Art ihren Unmut zum Ausdruck bringen („Immer bin ich hier der Depp der Nation", „Habe ich ‚Mädchen für alles' auf der Stirn stehen?"). Andere empfinden sie dann als zickig und nicht belastbar, sodass sie sich noch weiter disqualifizieren.

Adam hingegen beendet erst die Aufgabe, an der er gerade arbeitet, beziehungsweise fragt nach, bis wann der Vorgesetzte die Aufgabe benötigt. Dabei stellt er sicher, loyal zu erscheinen. Er würde nicht streiken oder den Befehl verweigern, aber sein Statusdenken veranlasst ihn, seine Freiheiten zu wahren. Er bleibt im Status dadurch mehr auf Augenhöhe. Hinzu kommt sein Box-Denken, das ohnehin einen schnellen Wechsel von einer Aufgabe zur nächsten schwer macht. Ist der Vorgesetzte ein Adam, funktioniert das meistens sehr gut. Ist die Vorgesetzte eine Eva, kann dieses Verhalten auf sie befremdlich wirken, denn sie fühlt sich dann schnell hinterfragt und angezweifelt.

 Schauen Sie sich Ihre Stellenbeschreibung an und überlegen Sie, ob die an Sie delegierte Aufgabe wirklich Ihre Aufgabe ist. Lernen Sie konsequent Nein zu sagen, wenn dies nicht der Fall ist. Ein freundliches, aber bestimmtes „Ich denke, das ist nicht meine Aufgabe, das gehört zum Aufgabengebiet von Frau Weber" genügt. Wenn Sie bereits häufiger Dinge gemacht haben, die nicht zu Ihren Aufgaben gehören, suchen Sie das Vieraugengespräch und bleiben Sie ruhig und sachlich. Keiner tut etwas, um Sie zu ärgern. Sie haben es nur bisher zugelassen, dass Dinge bei Ihnen abgeladen wurden, nun können Sie es ändern.

 Achten Sie bei einer Vorgesetzten darauf, dass sie nicht das Gefühl bekommt, Sie zweifelten an Sinn oder Dringlichkeit einer Aufgabe. Bewahren Sie Ihre Kommunikation auf Augenhöhe, aber schieben Sie einen beziehungswahrenden Satz vorweg, wie: „Das kann ich gern tun, ich würde nur gern wissen, ob ich es wirklich neu machen muss oder auf die Ergebnisse zurückgreifen kann, die wir letzte Woche festgehalten haben". Wenn es wirklich nicht Ihre Aufgabe ist, dann können Sie diese Methode ebenfalls anwenden und sagen: „Ich würde das ja für Sie tun, aber ich denke, das ist die Aufgabe von Frau Meier." Der kleine Satz vorweg wirkt Wunder und bestärkt Eva darin, dass trotz Ihres Neins und Hinterfragens die Beziehungsebene noch steht.

Ich will – du willst:
Verhandlungen führen

In vielen Verhandlungssituationen gibt es einen Win-win, also eine Lösung, mit der beide Seite zufrieden sein können. In manchen Konstellationen kann jedoch nur einer gewinnen oder es gibt einen Kompromiss, zum Beispiel immer, wenn es um Geld geht, wie Abfindungs-, Gehalts- oder Preisverhandlungen mit Kunden. Die geschlechtsspezifischen Unterschiede haben sich analog zum Führungsverhalten durch den Besuch von Verhandlungstrainings und das damit verbundene Befolgen antrainierter Schemata mehr und mehr nivelliert. Was geblieben ist: Unbewusst wird Adam beim Verhandeln eher Positionen klar herausstellen und Eva wird Standpunkte integrieren, außer der Krawall-Eva natürlich …

Situation 33
Allgemeines Verhalten in Verhandlungen

Zunächst einmal ist die Einstellung zu Verhandlungen bei Adam und Eva sehr unterschiedlich. Während er sie als Sport sieht, sind sie der klassischen Eva eher unangenehm. Denn sie muss mit ihrem Gegenüber auf Konfrontation gehen, ob sie will oder nicht. Wenn er nicht bekommt, was er will, ist sein Kampfgeist geweckt. Während sie Widerspruch oder konfligierende Meinungen als beziehungsstörend empfindet, zeugen sie für ihn von Respekt. Wenn er Widerspruch erhält, zeigt das, dass jemand mit ihm auf Augenhöhe diskutieren will und kann. Allein diese unterschiedliche Einstellung beeinflusst unser komplettes Verhalten in Verhandlungen, denn logischerweise kann ich Dinge besser, die ich gern und mit Leidenschaft tue.

Während einer laufenden Verhandlung kann Eva durch häufiges Hinterfragen wie beim Problemelösen oft bessere Lösungen ins Blickfeld bringen. Sie formuliert ihren Standpunkt gerne in Form von Fragen, Konjunktiven und Wir-Sätzen, denn sie möchte ja einen gemeinsamen Nenner herstellen und die guten Beziehungen wahren.

Adam formuliert seine Standpunkte eher als Forderungen oder in Form von Widerspruch.

Stellen Sie sich vor, Sie sind Dienstleister und verhandeln den Preis mit einem potenziellen Kunden. Typische Eva-Formulierungen wären:

- Wäre es nicht sinnvoll, hier eine höhere Zahlung zu vereinbaren, damit wir an diesem Punkt beide einen Anreiz haben, die Idee umzusetzen? *(sucht den gemeinsamen Nenner)*
- Was müsste für Sie gegeben sein, damit Sie den Preis akzeptieren? *(sucht einen Win-win)*

Für Adam klingen diese Formulierungen zu weich gespült, für Eva sind sie der Versuch, zu integrieren, zu verbinden und gute Stimmung zu schaffen. Damit gelingt es ihr, Beziehungen nachhaltiger zu pflegen und das sogenannte emotionale Bankkonto auszugleichen. Ihr Verhandlungspartner ist eher einmal zum Einlenken bereit, es sei denn, er erachtet sie als zu nachgiebig, dann wird er seinen Kampfgeist ausleben und sie gegen die Wand spielen. Wenn es ihr nicht gelingt, ihre Position klarzumachen oder ihre Grenzen aufzuzeigen, hat sie verloren. Es ist also eine Gratwanderung.

Der gleiche Sachverhalt wie oben würde aus Adams Mund ungefähr so klingen:

- Für einen so geringen Betrag können wir die Idee nicht umsetzen. Dann lassen wir es gleich. *(spielt auf no deal)*
- Wenn Sie nur den Preis zahlen wollen, dann kriegen Sie auch nur die Leistung. *(Konfrontation mit negativen Konsequenzen)*

Für Eva klingen diese Formulierungen schroff, Adam versteht sie als Diskussion auf Augenhöhe. Hier werden klar Grenzen aufgezeigt. So gut diese Abgrenzung ist, um den momentanen Standpunkt zu untermauern und durchzubringen, so sehr birgt sie die Gefahr, langfristige Geschäftsbeziehungen zu belasten und das emotionale Bankkonto ins Ungleichgewicht zu bringen. Wenn auf der anderen Seite eine klassische Eva sitzt, die Verhandlungen nicht so sportlich sieht wie Sie, kann es sein, dass sie Ihnen nachhaltig böse ist. Dann kann sie sehr gemein werden, Sie in Zukunft auflaufen lassen oder bei anderen potenziellen

Verhandlungspartnern schlechtmachen, weil sie das Spiel, wenn sie es beim Spielen nicht gewinnen kann, eben nach dem Spielen gewinnen möchte. Denn sie weiß, dass sie diese Situation gewinnen muss, sie kennt ihr Ziel genau.

Wo Adam denkt, es gibt keinen Win-win, bohrt Eva so lange nach und liest so lange zwischen den Zeilen, bis sie doch einen zutage fördert. Adam tritt in Situationen eines vermeintlichen Win-lose oft mit großer Härte auf, Krawall-Eva übrigens noch mehr, denn sie hat gelernt, dass sie verhandeln muss, ob sie will oder nicht. Beide wollen um alles in der Welt ihren Standpunkt durchboxen. Adam spielt dabei oft verbale Statusspiele wie im Beispiel oben. Er sagt seinem Gegenüber, was geht und was nicht, unterbricht ihn auch gern mal, und positioniert sich damit über seinem Verhandlungspartner.

Noch wirkungsvoller als die verbalen Statusspiele sind die nonverbalen. Dabei geht es darum, wer den Verhandlungspartner zum Beispiel wohin zitiert. „Zu mir oder zu dir?" spielt eine immense Rolle, denn der vom Mannschaftssport geprägte Adam kennt so etwas wie Heimvorteil nur zu gut. Daher wird er stets bemüht sein, Verhandlungen in seinem Büro oder in seinem Unternehmen und nicht beim Verhandlungspartner stattfinden zu lassen. Evas unterschätzen diese nonverbalen Statusspiele oft. Gerade bei Handelsunternehmen gibt es im Feilschen um die Einkaufskonditionen Verhandlungspartner, die die Gegenseite in schlecht gelüfteten, überheizten oder überklimatisierten Räumen eine halbe Stunde warten lassen, bevor sie den Termin beginnen. Zu solchen Aktionen mag man stehen, wie man will, sie zeigen, wer für sich die stärkere Position beansprucht. Mürbemachen ist auch eine Strategie.

Während Adam die Statusspiele nebenbei einstreut und dann sehr schnell auf die Sachebene zurückkehrt und mit Fakten argumentiert, passiert es bei Krawall-Eva häufig, dass sie zwar die Statusspiele imitiert, aber die Rückkehr auf die Sachebene nicht so nahtlos hinbekommt wie er. Daher gerät sie als „Frau mit Haaren auf den Zähnen" schnell in eine sehr unbeliebte Schublade. Für das Fortkommen der Verhandlung ist ihr Verhalten nicht förderlich und für das emotionale Bankkonto schon gar nicht. Leider haben sich gerade beim Verhandeln viele Evas das Krawall-Eva-Verhalten antrainieren lassen, da sie die

Sorge haben, sonst als Verliererin aus der Situation hervorzugehen. Lieber ist mir, Sie können es sich schon denken, wenn beide Geschlechter ihre eigenen Stärken einbringen und Achtsamkeit für das Verhalten des anderen Geschlechts entwickeln.

 So sehr Sie sich in Verhandlungssituationen auch auf vertrautem Boden fühlen, bedenken Sie, dass es Eva nicht so geht. Es ist nicht so, dass sie keine Meinung oder keine Position hat, wenn sie viele Fragen stellt oder schweigt. Sie können Ihre Verhandlungsstärke in Win-lose-Situationen natürlich voll ausspielen, aber hören Sie sich Evas Fragen und die darauf folgenden Antworten genau an. Möglicherweise gibt es doch einen Win-win, der sogar für Sie ein noch besseres Ergebnis als erwartet erzeugt. Bedenken Sie bei sämtlichen Win-lose-Situationen die Konsequenzen für zukünftige Beziehungen. Man begegnet sich ja immer zweimal im Leben, und manchmal muss eine Geschäftsbeziehung auch längerfristig tragfähig sein. Halten Sie das emotionale Bankkonto in Balance, vor allem mit Evas, die Dinge schnell persönlich nehmen und auch mal nachtragend sind. Irgendwann fällt Ihnen zu viel Härte auf die Füße. Bewahren Sie sich dennoch die Klarheit Ihrer Ansagen und das Aufzeigen von Grenzen, um Ihre Position zu untermauern.

 Betrachten Sie Verhandlungen als Spiel. Denken Sie sich, dass Sie gewinnen wollen und dass das Spiel vorbei ist, wenn es vorbei ist. So können Sie sich gut konditionieren und müssen nicht mit einer „Ich-will-nicht"-Haltung einsteigen. Bewahren Sie sich Ihre Stärke, Meinungen zu hinterfragen und zu erfragen, aber bringen Sie auch klare Aussagesätze und lassen Sie diese mit einer Pause im Raum stehen. So verleihen Sie Ihrem Standpunkt Nachdruck und wirken nicht unsicher auf Adam. Achten Sie auf nonverbale Statusspiele, lassen Sie sich nicht irgendwohin zitieren, sondern insistieren Sie darauf, dass der Verhandlungspartner zu Ihnen kommt, lassen Sie ihn auch einmal warten. Denken Sie immer daran: Für ihn ist es ein Spiel und je mehr Sie es auch so sehen, umso besser gehen Sie aus der Situation hervor.

Situation 34
Eine Gehaltserhöhung oder ein Projekt einfordern
Statistisch gesehen verdienen Frauen für die gleichen Leistungen im Durchschnitt immer noch weniger als Männer. Das Schlimme ist, dass diese Ungerechtigkeit der ganz normalen Geschlechterthematik entspringt, ohne Absicht, dem anderen wehzutun oder ihn auszunutzen. Unternehmen werden heute immer noch meist von Männern geführt und haben klare Profitabilitätsziele. Adam will auf möglichst direktem Weg gewinnen. Daher wird er alles dafür tun, so viel Umsatz wie möglich zu machen und Kosten zu sparen, solange Letzteres nicht den Umsatz gefährdet. Und wenn er keine Gegenwehr oder klare Forderungen bekommt, wird er von sich aus nichts unternehmen, was seine Kostensituation gefährden würde. Jeder halbwegs wirtschaftlich denkende Mensch würde genauso handeln.

Und dieser gewinnorientierte Adam trifft dann auf eine perfektionistische Eva, die sich meistens selbst unterschätzt. Sie fragt sich zehnmal, ob sie wirklich eine Gehaltserhöhung fordern kann oder ob sie vielleicht doch noch nicht gut genug dafür ist. Es ist diesen Selbstzweifeln geschuldet, dass sie gar nicht erst um mehr Geld bittet. Viele Evas denken: „Es ist mir egal, was ich verdiene, Hauptsache, der Job macht Spaß." Mütter, die nach der Elternzeit wieder in den Job einsteigen, tun dies mit der demütigen Haltung: „Egal, was ich verdiene, Hauptsache ich habe wieder einen Fuß in der Tür." Mit diesen Glaubenssätzen im Schlepptau werden sie weder nach einer Gehaltserhöhung fragen, noch ausstrahlen, dass sie ihr Geld wert sind.

Aufgrund seiner klassischen Versorgerrolle hat Adam bei diesem Punkt ganz andere Interessen. Er muss sogar regelmäßig eine Gehaltserhöhung fordern. Sollte er überhaupt eine Sekunde zweifeln, ob er die verdient hat, so hat er gelernt, solche Selbstzweifel von klein auf zu überspielen, zu bluffen. Kein Junge stellt sich gern hin und sagt: „Ich kann das nicht." Oder: „Ich habe das noch nie gemacht." Lieber erfindet man eine Geschichte, als zuzugeben, keine Ahnung zu haben. Dieses antrainierte Muster sorgt dafür, dass er eher zu hoch pokert, als aufs Pokern zu verzichten. Berichtet Adam jetzt an eine Eva, ist die Wahrscheinlichkeit hoch, dass sie zu seinen klar geäußerten Forderungen schlecht Nein sagen kann. Zum einen ist sie oft von den ihr entgegengeworfenen Fakten erschlagen, zum anderen mag sie sich nicht gern auf einen Konflikt einlassen. Adams Chancen stehen gut, seinen Wunsch durchzusetzen. Selbstverständlich gibt es auch bei ihr Grenzen. Sie ist vielleicht konfliktscheuer und mag Pokern nicht so gern, aber über den Tisch ziehen lässt sie sich auch nicht.

Wenn Eva sich dazu durchringen kann, eine Gehaltserhöhung zu verlangen, dann kommt ihr das Harmoniestreben als zweiter hemmender Faktor in den Weg. Sie formuliert ihre Forderungen zu zaghaft, beginnt das Verhandlungsgespräch mit reichlich Vorgeplänkel, ohne dabei zum Punkt zu kommen. Der Gesprächsverlauf könnte so aussehen:

Eva: Ich bin jetzt seit fünf Jahren in diesem Job und es macht mir auch sehr viel Spaß. Und ich glaube schon, dass ich das ja auch ganz gut mache, also mal von ein paar Ausnahmen abgesehen. Daher denke ich, dass ich doch eigentlich ein paar Euro mehr verdienen müsste. *(formuliert beziehungsschonend, im Konjunktiv, will nicht zu sehr fordern und zeigt durch „ich glaube" oder „ganz gut" oder „ein paar", dass sie sich selbst nicht so sicher ist, ob sie es verdient hat, daher liefert sie die „Ausnahmen" gleich mit)*

Adam: *(hört ihre Selbstzweifel klar durch und bedankt sich für die Einschränkung. Für ihn ist es eine Steilvorlage, um sie zu vertrösten)* Ja, Sie machen das auch ganz gut, aber ein paar Ausnahmen gab es schon, das haben Sie selbst gesagt. Zeigen Sie im nächsten Jahr mal Ihr volles Leistungspotenzial, und dann können wir noch einmal drüber reden.

Eva: *(sieht sich in einer extrem schwachen Position, will aber noch nicht ganz aufgeben)* Ja, aber seit fünf Jahren hänge ich auf dem gleichen Gehalt fest und habe mehr und mehr Aufgaben dazubekommen. Das ist nicht fair. Allein die Inflation ist ja noch nicht einmal berücksichtigt *(ballert mehrere Argumente gleichzeitig raus, anstatt sich auf eines zu konzentrieren, stellt keine konkrete Forderung im Sinne eines Betrags)*

Adam: *(spürt, dass er vielleicht nicht mit einer Nullrunde davonkommt, pickt sich daher das schwächste Argument heraus,*

um darauf einen faulen Kompromiss anzubieten) Na ja, so
2 Prozent Inflationsausgleich kann ich für Sie bestimmt
durchboxen. Aber mehr ist nicht drin. *(formuliert bewusst gön-
nerhaft, damit sie das Gefühl bekommt, er tue ihr einen großen
Gefallen)*
Eva: Okay. *(ein wenig resigniert, glaubt aber, dass sie heute hier
nicht mehr holen kann, selbstverständlich wird sie ihn hinter seinem Rücken schlecht aussehen lassen)*

Wenn Adam eine Gehaltserhöhung verlangt, klingt das eher so: „Ich
möchte 7 Prozent mehr Gehalt, denn ich habe in den letzten zwei Jahren sehr gute Leistungen gezeigt und vor allem das Projekt A und das
Projekt C erfolgreich zu Ende geführt. Wir haben durch diese Projekte
15 Prozent mehr Umsatz gemacht, da ist es nur fair, wenn ich als Ver-
antwortlicher einen Anteil bekomme."

Was für Eva wie ein Paukenschlag klingt, ist für Adam ein ganz
normales Schaffen von Fakten und eine glasklare Positionierung. Er
stellt eine klare Forderung (7 Prozent mehr) und untermauert sie mit
Zahlen. Jetzt beginnt der Verhandlungspoker. Ein Adam als Vorgesetzter würde die Zahlen infrage stellen oder das Prinzip der fairen Betei-
ligung an den Unternehmensumsätzen. Er würde vielleicht sagen: „Ja,
aber Sie sind ein Sachbearbeiter und die werden nach meinem Kenntnisstand noch nicht erfolgsabhängig bezahlt." Und diese Gegenwehr
würde den fordernden Adam zur Argumentation und zum Kampf
herausfordern. Hier kann Eva von ihm lernen.

Die klassische Eva würde sich als Mitarbeiterin an dieser Stelle
resigniert zurückziehen und ihre Wut auf ihren Vorgesetzten mit
jedem teilen, der ihr über den Weg läuft. Ihre Motivation wäre dahin.
Sie würde frustriert weiterarbeiten, aber nicht mehr ihr volles Potenzial
abrufen. Das würde Adam sicher auch, wenn er den Gehaltspoker ver-
löre. Das Schwierige ist, dass Eva eine Chance gehabt hätte, ihn zu gewinnen, wenn sie einen stärkeren Einstieg gewählt und mit Fakten
argumentiert hätte.

Statt sich resigniert zurückzuziehen, legt Eva nun ein weiteres
Phänomen an den Tag. Längst geht es nicht mehr um die Sache (für

sie sind Sache und Person ja oft eines). Es geht um ihre Emotionen. Sie ist wütend ob ihrer Unterlegenheit und richtet ihren Zorn gegen Adam und manchmal auch gegen den Rest der Welt. Oft wird sie in der Diskussion jetzt unsachlich, bockig und, wie er es beschreiben würde, zickig. Das ist ein emotionales Verhalten, mit dem er so gar nicht umgehen kann. Es führt zu nichts, außer dazu, dass er komplett zumacht.

Krawall-Eva bewegt sich auch schnell auf diese Spur. Da heißt es dann: „Ist klar, ich kriege das jetzt nur nicht, weil ich eine Frau bin." Für Adam geht ein solcher Satz zum einen an die Ehre, denn er wird der Ungerechtigkeit beschuldigt. Zum anderen bestärkt es ihn in seiner Annahme, dass sie einfach schwach ist, wenn sie sich argumentativ auf ein so dünnes Brett begeben muss. Ein sinnvollerer Satz wäre hier: „Nehmen wir einen vergleichbaren Job, dort verdient man 2000 €. Ich denke, ich leiste das Gleiche, also sollte ich auch das Gleiche bekommen." Dies wären Fakten.

Teilweise beginnt die frustrierte Eva sogar, Adam zu beschimpfen mit Verallgemeinerungen wie: „Es ist doch ein abgekartetes Spiel. Alle kriegen bei Ihnen, was sie wollen, nur ich nicht." Solche Sätze helfen zwar, die eigene Wut loszuwerden, führen jedoch bei Adam zum berühmten „Ohren-auf-Durchzug-Stellen". Er lässt den Wortschwall über sich ergehen, argumentiert aber auf der Schiene gar nicht, weil er es nicht kann!

 Machen Sie sich bewusst, dass Sie viel wert sind. Führen Sie sich dies täglich vor Augen, indem Sie beispielsweise jeden kleinen Erfolg für sich schriftlich dokumentieren. Entwickeln Sie einen Fokus für das, was Sie gut machen, und nicht für Ihre Defizite. Geld stinkt nicht und Sie sollten es mit einem konkreten Betrag einfordern. Bleiben Sie bei der Argumentation bei den Fakten und blenden Sie Emotionen vorübergehend aus. Sie führen nur zu unsachlichen Diskussionen. Vor allem wenn Sie einen neuen Job beginnen, erzählen Sie nicht, was Sie vorher verdient haben, sondern was Sie in Zukunft verdienen wollen. Legen Sie sich Ihre Argumente zurecht und bringen Sie diese Stück für Stück, erst die schwächeren, dann die stärkeren. Verschießen Sie Ihr

Pulver nicht gleich am Anfang. Bedenken Sie, dass Pausen und nonverbale Kommunikation eine enorme Power haben können, und verwenden Sie wenig Worte, um Ihrem Gegenüber nicht zu viele falsche Vorlagen zu geben und um ihn ein wenig schmoren zu lassen. Wer zuerst argumentiert, hat verloren. Stellen Sie Fragen, denn wer fragt, führt. Wenn ein Adam von Ihnen eine Gehaltserhöhung fordert, lassen Sie ihn Fakten liefern, an denen er die Forderung festmacht. So zwingen Sie sich selbst auf eine Faktenebene. Und denken Sie daran, dass ein Nein keine persönliche Kriegserklärung ist. Doch dazu mehr im nächsten Kapitel.

Ich werde Ihnen wohl kaum raten, weniger Gehaltserhöhungen zu fordern. Es ist Ihr gutes Recht, diese Stärke auszuleben. Wenn Sie Evas im Team haben, seien Sie sich bewusst, dass sie oft ihre Forderungen nicht äußern oder nach einer Ablehnung resigniert und frustriert sind. Das kann die Leistung Ihres Teams schwächen, zumal Eva ihren Frust großflächig teilen wird und dank ihrer emotionalen Ansteckungskraft eine ganze Gruppe gegen Sie aufbringen kann. Daher ist es kurzsichtig, ihr ihre Gehaltsforderungen zu verwehren. Helfen Sie ihr lieber durch Fragen wie „Wie viel möchten Sie verdienen?" oder „Woran machen Sie Ihre Forderung fest?", faktenbasiert zu argumentieren. Wenn Eva in der Gehaltsdiskussion emotional und bockig wird, machen Sie nicht die Ohren zu, sondern versuchen Sie sie zu verstehen. Bringen Sie sie durch Fragen auf eine sachliche Ebene zurück, zum Beispiel: „Worüber regen Sie sich genau auf?" oder „Was fordern Sie genau?". Fragen Sie so lange mit W-Fragen, bis sie sich beruhigt hat und wieder sachlich werden kann. So führen Sie ein konstruktives Gespräch. Ihre Schwäche ausnutzen sollten Sie nur, wenn Sie diese Eva eh loswerden wollen.

Wie kann Eva ihre Fähigkeiten nun voll einbringen gegen einen Adam oder eine Krawall-Eva, die ihr die Gehaltserhöhung verwehren wollen? Hier ein Beispiel:

Eva: Ich bin jetzt seit fünf Jahren in diesem Job und es macht mir auch sehr viel Spaß. Ich denke, ich habe kontinuierlich meine Leistung gesteigert und so dem Unternehmen einige Gewinne beschert, daher möchte ich 7 Prozent mehr Gehalt. *(formuliert nach wie vor wie eine Eva: beziehungsschonend, indem sie ihren Spaß betont, im Win-win, indem sie betont, was sie dem Unternehmen gegeben hat)*

Adam: *(7 Prozent belasten sein Budget immens, daher gibt er erst einmal Kontra und versucht Eva klein zu halten)* 7 Prozent??? Das ist viel zu viel. Wie kommen Sie denn auf so eine utopische Zahl?

Eva: *(weiß, dass es jetzt an der Zeit ist, Fakten zu schaffen, wenn er schon unsachlich wird, sie lässt eine Pause entstehen, blickt ihm tief in die Augen und beugt sich etwas vor, damit gleicht sie sein Statusspiel wieder aus)* Das kann ich Ihnen gern erklären. 7 Prozent ist unser Bereich in den letzten fünf Jahren im Schnitt gewachsen, 8 Prozent ist die gesamte Firma im Schnitt in den letzten fünf Jahren gewachsen. Ich kenne es so, dass Mitarbeiter an solch großartigen Zahlen partizipieren. *(lässt wieder eine Pause entstehen und blickt ihn erwartungsvoll an, weiß, dass sie ihre Argumente nicht verballern darf, sie wird sie noch brauchen)*

Adam: *(weiß, dass sie recht hat und er sie argumentativ auf einer Sachebene nicht kriegen kann, spielt daher das Statusspiel weiter)* Ach so, kommt das in Ihrer Welt so vor, dass alle immer schön zu gleichen Teilen dabei sind?

Eva: *(blickt ihn fordernd und stirnrunzelnd an, antwortet erst einmal gar nicht, spricht dann langsam, aber betont)* Nicht nur in meiner.

Adam: *(fühlt sich sichtlich unwohl, sieht, dass sie sich nicht einschüchtern lässt, wechselt nun auf die Sachebene)* Okay, also das ist für mich kein alleiniges Argument. Nur weil die Firma wächst, muss nicht jeder genauso wachsen. Ich habe ja auch keine 7 Prozent bekommen.

Eva: *(nimmt die Sachebene an, kann jetzt ihre Argumente nach und nach platzieren)* Das ist natürlich schade. *(stellt Bezie-*

hungsebene her, es geht ihm genauso wie ihr) Dennoch denke ich, dass ich mein Tätigkeitsfeld enorm ausgeweitet habe, dafür würde ich eine Kompensation erwarten. Was müsste ich denn tun, damit ich eine Gehaltserhöhung bekomme? *(gibt noch ein Argument, wechselt dann in den Fragemodus, denn sie weiß: Wer fragt, führt)*

Adam: Nun, Sie müssten schon Ihre Leistung steigern.

Eva: *(fragt weiter, ist jetzt am Zug)* Inwiefern?

Adam: *(beginnt zu schwitzen)* Na ja, Sie müssten mehr Profit abliefern.

Eva: Wunderbar, in den letzten drei Jahren habe ich in jedem Jahr 5 Prozent mehr abgeliefert. Was fehlt also noch? *(sagt nicht mehr, als nötig ist, gibt ihm keine Möglichkeit, neue Schauplätze zu eröffnen)*

Adam: *(mit Schweißperlen auf der Stirn)* Das stimmt. Sie müssten noch mehr für Ihre Mitarbeiterentwicklung tun.

Eva: Okay, ich habe zwei neue Mitarbeiter eingestellt und drei befördern können und habe eine Mitarbeiterzufriedenheit von 95 Prozent. Wer hat das außer mir noch geschafft? *(wechselt in den Vergleichsmodus, weiß, dass der wettbewerbsorientierte Adam sich immer vergleicht und diese Zahlen von allen anderen auch kennt)*

Adam: *(gibt sich geschlagen)* Das stimmt, gut, sagen wir plus 5, analog zum Profit. Ab nächsten Monat, okay?

Eva: *(Pokerface)* Und weitere 2 Prozent ab Januar, wenn ich die Zahlen halte.

Adam: Okay.

Eva: Danke.

Liebe Evas, der größte Trugschluss ist, dass Sie argumentieren und aggressiv werden müssen. Sie sollten nur schweigen und weniger Worte aushalten können und innehalten, um zu überlegen, welches Argument Sie wann bringen. Liebe Adams, ich hoffe, Sie kriegen keine Mordabsichten, wenn ich hier ein wenig das Geheimnis hinter Ihrem Verhandlungserfolg gelüftet habe. Es ist für einen guten Zweck.

Situation 35
Der Umgang mit einem Nein

In vielen Geschäfts- und Verhandlungssituationen fällt einmal das Wort „Nein": im Sinne von „Ein Vorschlag wird nicht weiterverfolgt", das Nein eines Entscheiders oder Vorgesetzten, die Ablehnung einer gestellten Forderung etc. Adam unterscheidet zunächst, ob das Nein eine Ansage des Vorgesetzten ist. Dieses würde er als loyaler Mitarbeiter maximal einmal hinterfragen, wenn er anderer Meinung ist, sich ansonsten aber in die Hierarchie fügen. Ein Nein, das von oben kommt, kann er sehr gut aushalten. Wenn das Nein jedoch von einer ihm mindestens gleichgestellten Person kommt, sieht er es eher als Aufforderung zum Spiel. Besonders gern spielt er mit dem Nein einer Eva, denn sie äußert es oft nicht so klar (siehe Situation 20). Es kommt nicht von ungefähr, dass viele Adams glauben, Eva meine eigentlich Ja, wenn sie Nein sagt. Er macht sich einen regelrechten Sport daraus, sie mit Fragen wie „Bist du sicher, dass du das nicht willst?" herauszufordern. Was ihm dabei entgeht: Eva mag dieses Spiel nicht. Entweder sagt sie irgendwann resigniert doch Ja oder sie verteidigt ihr Nein und wird zickig. In jedem Fall geht er ihr mächtig auf die Nerven, sie fühlt sich überrollt. Die Wahrscheinlichkeit, dass sie ihn in Zukunft unterstützt, wird geringer und geringer.

Bei einem Nein von einem gleichgestellten Mann wird Adam beginnen, sich eine Argumentationsschlacht mit dem anderen zu liefern. Für Adams untereinander funktioniert das, auch wenn sie oft ohne ein gutes Ergebnis aus dieser Diskussion gehen. Zu sehr steht der Schlagabtausch im Vordergrund. Hier könnte Eva wieder hervorragend helfen, Standpunkte zu integrieren. Allerdings sollte sie sich nicht in einen laufenden Gockelkampf einmischen. Wenn dieser einmal im Gang ist, geht es eher um das Spiel und ums Gewinnen als um die Sache.

Eva hat durch ihren Verschönerungstick und ihre Prozess- und Detailorientierung den Hang, dem Nein eines Vorgesetzten zu widersprechen. Sie hinterfragt so lange, bis ihr Vorgesetzter ihre Kommentare zu ignorieren beginnt und sie als illoyal empfindet. Denn als Adam ist er in diesem Fall der Trainer und wird Widerspruch langfristig nicht dulden. Hier verzettelt sich Eva, weil sie glaubt, damit ihr Mitdenken zum Ausdruck zu bringen.

Sie empfindet ein Nein häufig als Kritik an ihrer Person und nicht als Nein zu der Sache. Daher wird sie tendenziell eher beleidigt darauf reagieren. Sie resigniert schnell, zweifelt an sich und daran, dass sie in diesem Unternehmen weiterkommt. Sie stellt schnell Dinge grundsätzlich infrage. Umso wichtiger ist es, ihr ein Nein klar zu begründen und die Beziehungsebene für sie abzusichern.

Spielen Sie nicht das „Du-meinst-doch-Ja-Spiel" mit Eva. Sie schätzt es nicht und es ist für Ihre Beziehung nicht förderlich. Wenn Sie wirklich glauben, sie meint gar nicht Nein, sondern Ja, dann hinterfragen Sie das lieber mit W-Fragen, wie zum Beispiel „Welches sind Ihre Gründe dafür?" oder „Was müsste anders sein, damit Sie Ja sagen könnten?". Vermeiden Sie die Warum-Frage, denn Sie bekommen häufig die Antwort, dass es so ein Bauchgefühl sei. Das hilft Ihnen als faktenbasiertem Adam wenig. Wenn Sie einer Eva ein Nein entgegenbringen müssen, formulieren Sie es ganz klar als Nein zu der Sache und nicht so, dass sie es persönlich nehmen könnte. Geben Sie ihr eine Chance zur Korrektur, zum Beispiel so: „Ihr Vorschlag löst einige Punkte, nur den entscheidenden nicht. Bitte denken Sie noch einmal nach, wie Sie diesen Punkt einbeziehen könnten."

Lernen Sie, Ihr Nein klar und deutlich zu formulieren, sodass Adam gar nicht erst zum Spiel herausgefordert wird. Ein „Nein, diese Option kommt für mich nicht infrage, aber über die andere Option können wir reden" hilft Ihnen, das Gespräch sofort wieder in die für Sie so wichtigen konstruktiven Bahnen zu lenken und ihn von seinem Spiel abzulenken. Akzeptieren Sie ein Nein von einem Vorgesetzten. Einmal hinterfragen unter vier Augen genügt, wenn Sie dann nicht weiterkommen, akzeptieren Sie seine Entscheidung. Es ist nicht gegen Sie, sondern gegen die Sache gerichtet. Fokussieren Sie sich darauf, Ihre Idee zu verbessern, anstatt beleidigt über das Nein zu sein. Sie können auf der Sachebene immer nachbessern, sehen Sie das Nein also als Chance statt als Ablehnung.

Es geht voran – die eigene Karriere anschieben

Warum sitzen so viel mehr Männer in den Führungsetagen und warum glauben wir, eine Quote zu brauchen, um das zu ändern? Auch wenn Evas sich in Wettbewerbskontexten oft nicht so wohlfühlen, liegt hierin nicht der einzige Grund. Es gibt Evas, die es bis oben geschafft haben, was machen diese anders? Nun, sie haben eine andere grundsätzliche Einstellung zum Beruf und zur Karriere, zum Feiern von Erfolgen, zu Statussymbolen und Netzwerken.

Situation 36
Die eigene Karriere planen und verwirklichen

Die meisten Evas sehen den Beruf mehr als Selbstverwirklichung und als Aufgabe, die Spaß machen soll. Sie haben hohe Ansprüche an ihren Job und wollen darin Erfüllung finden. Hier schlägt wieder die Perfektionistin durch, die alles nett haben will. Je weiter sie nach oben kommt, umso mehr glaubt sie, sich verbiegen zu müssen. Häufig ist sie ihrem Arbeitgeber und ihren Mitarbeitern gegenüber sehr loyal, sie kündigt nicht so schnell für ein hierarchisch besseres Angebot, solange sie sich im momentanen Umfeld wohlfühlt.

Für Adam sind Beruf und Karriere mehr mit den Begriffen Erfolg, Macht, Geld verknüpft. Dies entspringt sicher der evolutionär bedingten Versorgerrolle, aber auch seinem Wettbewerbsdenken. Erfolg und Macht gehen einher mit einer starken Fokussierung auf ein klares Ziel. Gerne wechselt Adam daher den Arbeitgeber, wenn der neue Job einen signifikanten Karrieresprung bedeutet, im Sinne von mehr Geld, mehr Mitarbeiter, mehr Verantwortung. Er bewirbt er sich auch mal für einen Schuh, der vielleicht noch eine Nummer zu groß für ihn ist.

Sind bei einer Stellenausschreibung zehn Kriterien gefragt, bewirbt sich Adam, wenn er fünf erfüllt, Eva erst bei zehneinhalb. Sie überlegt noch, ob sie ihr Englisch wirklich als perfekt bezeichnen kann. Während er sich fragt: „Warum soll ausgerechnet ich den Job nicht bekommen?", fragt sie sich: „Warum soll ausgerechnet ich den Job bekommen?" Und da wir ausstrahlen, was wir denken, ist der Erfolg des einen und der Misserfolg der anderen vorprogrammiert. Während sie sich die zweitbeste Lösung aufschwatzen lässt, nimmt er nur die erstbeste. Folgende Situationen sind nicht selten:

> Vorgesetzter: Im Bereich von Frau Wiedemann ist die Position des Abteilungsleiters zu besetzen. Könnten Sie sich das vorstellen?
>
> Adam: Oh ja, natürlich. Das wäre perfekt für mich. Und ich habe ja auch schon viel Erfahrung in dem Bereich.
>
> Vorgesetzter: Ich glaube nur, dass es ein etwas großer Job ist, es macht vielleicht Sinn, erst noch einmal eine Ebene drunter in dem Bereich zu arbeiten, damit Sie ein besseres inhaltliches Verständnis bekommen, bevor Sie dann in die Führungsrolle gehen.
>
> Adam: Das glaube ich nicht. Ich kenne den Bereich sehr gut und habe bei dem Projekt Alpha bereits die notwendigen Softwarekenntnisse unter Beweis gestellt und das Projektziel von 50 000 € Umsatz übertroffen. Ich bin überzeugt, dass ich gut ausgestattet bin für den Job.
>
> Vorgesetzter: Okay, dann probieren wir es.

Dass Adam an sich glaubt (ob er es wirklich tut oder nur blufft, ist unerheblich), wird deutlich. Einem Vorgesetzten dürfte es schwerfallen, hier zu widersprechen, denn Adam liefert ja sogar Beweise und Fakten, dass er genug Erfahrung hat. Und nun die gleiche Situation mit Eva:

> Vorgesetzter: Im Bereich von Frau Wiedemann ist die Position des Abteilungsleiters zu besetzen. Könnten Sie sich das vorstellen?
>
> Eva: Hm, ich weiß nicht. Eigentlich habe ich ja noch nicht wirklich viel Ahnung von diesem Bereich, aber vorstellen könnte ich es mir.
>
> Vorgesetzter: Ja, ich glaube auch, dass es ein etwas großer Job

ist. Und Sie bestätigen mich da. Es macht vielleicht Sinn, erst
noch einmal eine Ebene drunter in dem Bereich zu arbeiten,
damit Sie ein besseres inhaltliches Verständnis bekommen,
bevor Sie dann in die Führungsrolle gehen.
Eva: *(nickt)* Hm.
Vorgesetzter: Gut, dann machen wir das so.
Eva: Ja, das glaube ich auch. Dann fühle ich mich auch siche-
rer. Und ich will ja nichts versprechen, was ich am Ende nicht
halten kann.
Vorgesetzter: Okay, dann kümmere ich mich um die Querver-
setzung.

Eva bekommt in diesem Fall das, was sie ausstrahlt. Sie ist unsicher, ob
sie für den Job bereits ausreichend qualifiziert ist, und will niemanden
durch schlechte Leistungen enttäuschen, also geht sie auf Nummer sicher. Hinzu kommt, dass Adam ihr Nicken als Zustimmung zu seiner
Vorgehensweise deutet, für sie hieß es nur: „Ich höre dir zu." Damit ist
das Gespräch viel früher beendet, als es hätte sein müssen. Und was
uns hier völlig entgeht: Möglicherweise wäre sie für den Job sogar besser qualifiziert als andere, sie sagt es nur niemandem.

Aus den gleichen Motivationen heraus bewerben sich übrigens
Männer eher auf Linienstellen, denn hier geht es geradewegs nach
oben. Frauen hingegen bewerben sich überproportional oft auf Stabs-
stellen, denn da herrscht nicht der Wettbewerb, den sie so fürchten. Oft
haben sie schon resigniert, bevor sie überhaupt begonnen haben, sich
nach oben zu bewegen. Der dumme Glaubenssatz, eine Frau müsse
besser sein als ein Mann, um für den gleichen Job infrage zu kommen,
hilft dabei nicht wirklich. Es ist eine sich selbst erfüllende Prophezeiung
oder eine gute Ausrede, um sich nicht anstrengen zu müssen.

Aufgrund seiner Karriereorientierung fällt es Adam leichter,
Kurs zu halten, sich zu konzentrieren auf Dinge, die wirklich einen Unterschied machen. Für ihn ist Konkurrenz sehr anregend, kann aber
auch dazu führen, dass er dem Erfolgsdruck nicht mehr standhält und
im Burn-out endet. Die 360°-Eva blockiert sich oft mit beziehungs-
förderlichem Kleinkram, wie dem Kaffee mit dem Kollegen Meier, dem

Gespräch mit der frustrierten Kollegin Schmitz aus dem anderen Bereich, dem Besuch des jahrelangen, aber wenig lukrativen Stammkunden statt der Akquise von Neukunden etc. Selbstverständlich erledigt sie auch die wichtigen Dinge, aber eben zusätzlich. Das kostet Kraft und lenkt auch nach außen von der Sichtbarkeit der großen Erfolge ab. Es ist kein Wunder, dass sie irgendwann ausgebrannt und müde ist und den Weg nach oben nicht mehr weitergehen will.

Interessanterweise beobachte ich mehr und mehr, dass Frauen Konkurrenz, Erfolg und Macht durchaus mögen. Wenn ich beispielsweise mit Müttern im Coaching arbeite, stelle ich immer wieder fest, wie viele von ihnen versuchen, die bessere Mutter zu sein, den besseren Kuchen zu backen, mehr Zeit mit den Kindern zu verbringen etc. Im Kampf ums Übermutter-Sein klappt es also mit dem Konkurrenzdenken sehr gut. Über ihre eigenen Kinder haben diese Frauen gern Macht, die Macht, sie zu erziehen und in gewisse Bahnen zu lenken. Der Unterschied: Hier konkurrieren Frauen unter sich. Auch im Geschäftsleben ist Eva gegenüber anderen Evas oft gnadenlos. Da spielen sich die schlimmsten Konkurrenzkämpfe ab, weil sie glaubt, nur eine von uns kann gewinnen. Gegenüber Adams verhält sie sich anders. Eva hat Respekt vor ihm, da sie sein kühles, wortkarges Verhalten als abwertend empfindet etc. Außerdem ist er am Arbeitsplatz immer noch in der Überzahl und bestimmt die Spielregeln (so sieht sie es zumindest). Wenn sie mit ihm in einen Wettbewerb tritt, begibt sie sich auf fremdes Terrain. Da sie das Gefühl, möglicherweise unterlegen zu sein, nicht mag, hat Eva eine „tolle" Strategie entwickelt. Sie redet sich selbst ein, hier nicht hinzugehören oder nicht hingehören zu wollen, durch Sätze wie „Da sitzen eh nur Männer" oder „Die machen das doch sowieso unter sich aus". Wunderbar kann sie sich so in ihre Opferrolle flüchten und die äußeren Umstände für ihr Scheitern verantwortlich machen. Es ist an der Zeit, liebe Evas, diese Glaubenssätze über Bord zu werfen. Wenn ihr wirklich nach oben wollt, dann hört auf von „Männerwelt" und anderen Ausreden zu sprechen, sondern konditioniert euch auf: „Ich gehöre dazu."

Es gibt außerdem einige Verhaltensweisen von Eva, die wir bereits in den letzten Kapiteln ausführlicher besprochen haben, die häufig nicht als förderlich für die Führungskompetenz angesehen werden, zum Beispiel das laut Denken, das als Unsicherheit ausgelegt wird (siehe Situation 14: Unterschiedliche Problemlösestrategien bei Adam und Eva), das Reden in Konjunktiven und in der Wir- statt in der Ich-Form, zu seltenes Delegieren (Situation 32), die Schwierigkeit, Nein zu sagen (Situation 35), und auch das generelle Problem-Talking. Es ist an der Zeit, aus diesen Verhaltensweisen auszusteigen. Es gibt Situationen, da sind sie förderlich, aber sie können eben auch einen falschen Eindruck erzeugen. Hier gilt es, als Eva situativ ihr Verhalten richtig einzusetzen und als Adam aus der einen oder anderen Voreingenommenheit auszusteigen und mal hinter Evas Kulissen zu schauen, statt sie aufgrund einzelner, möglicherweise an der falschen Stelle eingebrachter Verhaltensweisen als führungsunfähig abzustempeln.

Eine Besonderheit im Karrierekontext stellt wieder unsere Krawall-Eva dar. Sie glaubt, sie hätte die Regeln durchschaut, wie man nach oben kommt. Sie hat Konkurrenz, Hierarchie, Macht als Begriffe verinnerlicht. Aber sie spielt leider oft nicht sportlich, sondern feindselig. Dieser entscheidende Unterschied macht sie zu einer ungeliebten Führungskraft, der weder Adams noch Evas vertrauen und die irgendwann an dieser fehlenden Loyalität der Mitarbeiter zerbricht. Dieses Verhalten kostet sie ihren Job oder zumindest ihren Erfolg, weil sie keinen Rückhalt aus ihrem Team bekommt. Typische Verhaltensweisen: Sie nimmt die Ideen anderer und verkauft sie als ihre eigenen, sie gibt anderen vor versammelter Mannschaft negatives Feedback, sie zieht einen Kurs eisenhart durch, auch wenn ihr Team Bedenken äußert, sie lehnt kategorisch jedes Feedback ab, um sich selbst zu schützen und mächtiger zu wirken etc.

Machen wir uns nichts vor: Adam hat genauso Zweifel wie Eva, ob er eine Position wirklich ausfüllen kann. Aber er hat gelernt, das gekonnt zu überspielen. Sie hat gelernt, über Zweifel zu reden, und das Reden über Zweifel und Probleme kann auch mal zielführend sein, um sich Mut zu holen. In den meisten Fällen macht es die Zweifel aber nur noch größer.

Führen Sie sich immer wieder Ihr Karriereziel vor Augen und lernen Sie, es mit Liebe und Wohlwollen zu betrachten. Schalten Sie in Ihrem Kopf sämtliche Sätze ab, die Ihnen eine Hintertür offenhalten, zum Beispiel „Als Frau hast du da eh keine Chance" oder „Als Frau musst du doppelt so gut sein wie ein Mann". Ersetzen Sie sie durch „Was kann ich tun, um es zu schaffen" oder „Wer sollte es schaffen, wenn nicht ich". Diese Gedanken sind viel motivierender und führen eher zum Ziel. Malen Sie sich nicht aus, was alles schwierig werden kann, sondern wie Sie die Hindernisse überwinden werden. Üben Sie sich darin, Konkurrenz als Spiel zu sehen. Es geht um die Position, um Ihren Platz in der Hierarchie, um das Ziel, nicht darum, ob Sie Ihre „Gegner" mögen oder nicht. Üben Sie sich darin, Erfolg sexy zu finden, sich darüber zu freuen und damit aufzufallen. Egal, was Sie tun, überlegen Sie, ob es Sie im Hinblick auf Ihr Karriereziel fundamental weiterbringt. Streichen Sie Kleinkram von Ihrer To-do-Liste und fokussieren Sie sich auf die großen Blöcke.

Halten Sie inne, wenn Sie bemerken, dass der Erfolgsdruck beginnt, Sie aufzufressen. Holen Sie sich rechtzeitig kompetente Hilfe, wenn Sie bei sich selbst Burn-out-Anzeichen beobachten. Versprechen Sie nichts, was Sie nicht halten können. So toll es ist, eine Beförderung oder einen prestigeträchtigeren Job zu bekommen: Wenn Sie ihn am Ende nicht bewältigen können, ist Ihr Leid groß. Nutzen Sie Ihre Problemlösungs- und Verhandlungskompetenz, um den Weg zu Ihrem Traumjob zu gestalten, zum Beispiel indem Sie einen sinnvollen Zwischenschritt mit klarem Ultimatum vorschlagen. So bleiben Sie auf Kurs, ohne sich zu überfordern.

Wenn Sie Evas in Ihrem Team haben und fördern möchten, verstehen Sie zunächst einmal deren Einstellung zum Thema Erfolg, Macht, Hierarchie. Stempeln Sie sie nicht als führungsunfähig ab, wenn sie in Ihren Augen ein zu „kuscheliges Verhalten" an den Tag legt wie fehlendes Delegieren, lautes Denken statt Handeln, Understatement, mangelndes Hierarchiebewusstsein. Diese Fähigkeiten können an anderer Stelle sehr wichtig sein. Schauen Sie also auf die wirklichen Fähigkeiten, nicht auf die vordergründigen. Erklären Sie ihr außerdem lieber an einer konkreten Si-

tuation, wie ihr Verhalten wirken kann. Bedenken Sie dabei die
Feedback-Regeln für eine Eva, das heißt, immer etwas Bezie-
hungsförderndes vorwegschicken, zum Beispiel: „Es ehrt Sie,
dass Sie bescheiden im Hintergrund bleiben möchten, aber um
sich für die nächste Beförderungsstufe zu behaupten, ist es wichtig, dass Sie deutlich Ihre Leistung kommunizieren." Erklären
Sie Krawall-Eva, dass wir immer sportlich und nicht feindselig
spielen, zum Beispiel: „Sie haben sich da sehr gut verkauft, allerdings auf Kosten von Frau Schmidt, das wäre nicht nötig gewesen. Ihre Leistung steht auch so gut da."

Eva hat andere Karrieremotivationen als Adam. Sie sucht Erfüllung und einen tieferen Sinn, er sucht mehr Hierarchie und
Macht. Deshalb müssen Sie einen Job oder eine Aufgabe einer
Eva auch anders verkaufen als einem Adam, egal ob im persönlichen Gespräch oder in Anzeigen. Die Argumente sind nicht
die gleichen. Er lässt sich von der Anzahl der Mitarbeiter, der
Hierarchieebene und dem Firmenwagen beeindrucken. Sie benötigt mehr Informationen über die Aufgabe und deren Trag-
weite im Hinblick auf das gesamte Unternehmen. Sie braucht
Hinweise, was dieser Job für ihre persönliche Entwicklung bedeutet, wie sie sich entfalten kann. Passen Sie also Ihre Beschrei-
bungen einer Position beziehungsweise Tätigkeit entsprechend
an. Auf „400 Mitarbeiter und 8 Millionen Umsatz" bewerben
sich sicher mehr Adams als Evas. Auf „Sie gestalten die Struktur
der Organisation vor Ort und richten sie strategisch neu aus"
haben Sie eine gute Chance, dass sich mehr Evas bewerben.

Situation 37
Die Bedeutung von Statussymbolen

Im Zusammenhang mit Hierarchien stehen den Mitarbeitern in den
meisten Unternehmen gewisse Vorteile zur Verfügung, zum Beispiel
Büroausstattung, Auto, Parkplatz, Titel, Sekretärin etc.

Adam hat auf diese Statussymbole nur gewartet. Sie zeigen nach
außen, wie toll und kompetent er ist und was er für sich gewonnen hat.
Sie können davon ausgehen, dass bei einer Dinnerparty innerhalb von

Sekunden jeder Gast im Raum die Ausstattung seines neuen Firmenwagens kennt. Und die neue Sekretärin beschreibt er nicht in allen Facetten, weil er sie als Frau so toll findet (hoffen wir zumindest mal), sondern weil er sie hat. Wenn ich Workshops moderiere, bei denen Mitarbeiter eines Unternehmens zusammenkommen, die sich noch nicht kennen, beobachte ich oft schon bei der Vorstellungsrunde einen weiteren Unterschied zwischen Adam und Eva. Er stellt sich so vor: „Mein Name ist Adam, ich bin Vertriebsleiter für die Region Nord mit 30 Mitarbeitern und Leiter der Arbeitsgruppe Neukundengewinnung." In einem Satz hat er sämtliche seiner Kompetenzbereiche genannt, auch vorübergehende Leitungsfunktionen, und ganz nebenbei noch, wie viele Mitarbeiter er hat. Auf Eva wirkt dies wie ein fürchterliches Gockelgehabe. Für andere Adams löst dies gleich die Überlegung aus, womit sie sich dagegen positionieren können. Im Laufe der Vorstellungsrunde wird das Vorbringen relevanter Aufgaben und Projekte immer kreativer. Und beiläufig lässt man später im Small Talk noch fallen, wie praktisch der Firmenparkplatz vor der Tür ist und wie sonnig das Eckbüro mit den fünf Fenstern.

Evas Vorstellung fällt sehr viel bescheidener, oft zu bescheiden aus, à la: „Mein Name ist Eva, ich komme aus der Niederlassung Stuttgart." Sie will nicht angeben, will ein „Wir-sitzen-alle-im-selben-Boot"-Gefühl erzeugen. Da wäre jede Form der Abgrenzung über „Mein Haus – mein Auto – mein Boot" schädlich. Bei Adams löst diese Art der Vorstellung aus: „Na ja, was Besonderes kann sie nicht machen, sonst hätte sie es ja gesagt, wahrscheinlich ist sie die Assistentin vom Bereichsleiter, der war wohl verhindert heute." Auch was Statussymbole angeht, habe ich schon oft erlebt, dass Evas diese ausgeschlagen haben. Eine frühere Kollegin hat auf den ihr zustehenden Firmenwagen verzichtet, weil er nicht in ihre enge Garage passte, eine andere hat ein Eckbüro mit mehr Fensterfläche abgelehnt, weil sich das Licht zu sehr auf ihrem Bildschirm spiegelte. Außerdem hatte der Eckschreibtisch eine unpraktische Schubladenkonstellation. Jedes Mal, wenn sie die Schublade aufziehen wollte, zog sie sich eine Laufmasche in den Strumpf (kein Witz!). Für einen Adam undenkbar, und wenn er eine neue Garage mieten oder mit Sonnenbrille vor dem PC sitzen würde. Das Laufmaschenproblem hat er ja zum Glück nicht.

Da es auf dem Weg nach oben um Hierarchie, Erfolg und auch Macht geht, sind und bleiben Statussymbole wichtig. Wie sehr man damit prahlen muss, ist eine andere Frage, aber sie auszuschlagen wäre, als würden Sie im Jogginganzug statt im Abendkleid in die Oper gehen. Auch wenn es um Titel oder Plätze in der Hierarchie geht, zum Beispiel bei Umstrukturierungen, wird Adam stets dafür sorgen, dass er mindestens mit dem gleichen, wenn nicht sogar mit einem besseren Titel aus der Situation hervorgeht. Er wird auch dafür sorgen, dass er mindestens genauso viele Mitarbeiter und Verantwortlichkeiten bekommt, beziehungsweise er wird die Situation nutzen, seine Leitungsspanne und seinen Verantwortungsbereich auszubauen. Hier denkt er ausnahmsweise mal nicht an die Sache, sondern an sich selbst. Eva hingegen fügt sich ganz schnell in ihr noch nicht einmal besiegeltes Schicksal. Sie sieht ein, dass es für die Organisation und alle anderen wichtig ist, wenn sie einen Verantwortungsbereich oder einen Mitarbeiter abgibt, und tut dies bereitwillig. Und auch wenn ihr Titel nicht mehr so glanzvoll klingt wie vorher, ist ihr das tendenziell egal, solange die Aufgabe spannend ist und Spaß macht. Damit degradiert sie sich nach außen selbst. Denn der erste Eindruck entsteht oft über diese Statussymbole. Sie sind ein Aushängeschild wie unsere Kleidung. Der Grund für das Ausschlagen der Statussymbole ist dabei unerheblich. Wer den Parkplatz vor der Tür nicht in Anspruch nimmt, weil das weitere Laufen für die Figur besser ist, hat an Ansehen verloren.

 Schlagen Sie Statussymbole niemals aus, auch wenn Sie diese als unpraktisch empfinden, sie sind Ihr Aushängeschild nach außen und können auf dem Weg nach oben nur hilfreich sein, weil sie von vornherein klarstellen, wer Sie sind. Nehmen Sie sich also nicht selbst den Rückenwind. Wenn Sie sich nach außen vorstellen, sorgen Sie dafür, dass Ihre Position klar wird. Und kämpfen Sie für Ihren Platz in der Hierarchie, lassen Sie sich diesen nicht nehmen, auch wenn umstrukturiert wird. Stellen Sie klare Forderungen, was Ihre neuen Verantwortungsbereiche angeht, zum Beispiel: „Wenn ich diesen Bereich abgebe, möchte ich dafür einen anderen dazubekommen." Seien Sie geduldig mit Adams Statussymbol-Theater. Sie können ja vorübergehend die

Ohren auf Durchzug stellen und denken, dass er im Grunde ein echt netter Kerl ist. Schalten Sie Ihre Ohren wieder auf Empfang, wenn er mit seinem „Posen" fertig ist, Sie könnten sonst etwas verpassen.

 Unterschätzen Sie niemals eine Eva, die nicht gleich ihren Titel und ihre Position herausposaunt, sie kann durchaus hoch in der Hierarchie angesiedelt sein. Wenn Sie selbst Ihre Statussymbole und/oder Titel und Verantwortungsbereiche heraushängen lassen, bedenken Sie, dass es für Eva anstrengende Prahlerei ist und sich die eine oder andere genervt wegdrehen und Ihnen aus dem Weg gehen wird. Ein wenig Understatement und Selektion von relevanten Informationen sind für die Zusammenarbeit mit Evas sehr förderlich. Sie sind Ihnen dann wohlgesonnener. Wenn Sie Evas in Ihrem Team haben, sorgen Sie dafür, dass sie alle Statussymbole bekommen, die ihnen zustehen, und sie keines ausschlagen. Dies ist zum einen gut für das Ansehen Ihres kompletten Teams, zum anderen für Evas Weg nach oben, an dem Sie sicher spätestens im Zuge der Quote auch gemessen werden.

Situation 38
Ein Projekt, ein Mandat oder einen Kunden gewinnen

In meinen Gender-Workshops gibt es ein Rollenspiel, bei dem jeder Teilnehmer eine Minute Zeit hat, den Vorgesetzten oder einen potenziellen Kunden quasi im Fahrstuhl zu überzeugen, dass er beziehungsweise sie die richtige Person für ein Projekt oder einen Auftrag ist. Das Ergebnis ist immer wieder ähnlich. Während Adam die 60 Sekunden nutzt, um ein Argument nach dem nächsten aufs Tapet zu bringen und diese auch noch in der Reihenfolge ihrer Wichtigkeit zu priorisieren, hat Eva erst einmal mit Small Talk eine Beziehungsebene hergestellt und am Ende nur noch wenig Zeit für ihre Argumentation. Sie sagt bestenfalls, dass sie sich eine Zusammenarbeit vorstellen kann, formuliert das aber mit so vielen Einschränkungen und Eventualitäten, dass es jedem schwerfallen wird, ihr ein Ja entgegenzubringen. Dies ist ihrer Detailverliebtheit und ihrem Hang zum Problem-Talking geschuldet. Von Kindesbeinen an sind es die Jungen, die „Hier" schreien, wenn es um die Verteilung großer Aufgaben geht, zum Beispiel bei Zirkusvorführungen, wenn der freiwillige Bühnenteilnehmer gesucht wird. Wenn aber in Meetings fürs Flipchart jemand mit schöner Schrift gesucht wird, dann und maximal dann schreit Eva „Hier". Oder Adam sagt: „Die Evas schreiben doch immer so schön." Und da sie oft nicht Nein sagen kann, hat sie die undankbare Aufgabe an der Backe. Grundsätzlich hat er also schon einmal einen Vorteil, weil er schneller „Hier" schreit, jegliche Selbstzweifel hintenanstellen kann, während sie erst einmal versucht, genau zu verstehen, und Selbstzweifel thematisiert.

Wenn Adam nun in 60 Sekunden alle Punkte erwähnt, die für das Gewinnen des Projekts oder Kunden wichtig sind, was denkt sein Gegenüber? In den Augen der klassischen Eva hat Adam keine einzige Frage gestellt, sondern einfach nur ein Argument nach dem nächsten auf den Tisch geworfen. Sie denkt: Was glaubt der eigentlich, wer er ist? Der kommt so großkotzig daher, den werde ich im nächsten Gespräch mal schön auf die Probe stellen. Tendenziell haben Sie als Adam dann etwas schlechte Karten, aber nur etwas, denn die klassische Eva wird ihnen deswegen nicht gleich ein weiterführendes Gespräch verwehren. Das wäre in ihren Augen höchst beziehungsstörend. In diesem Gespräch können Sie dann in Ruhe auch alle offenen Fragen klären. Aber Sie müssen eventuell davon ausgehen, dass sie sich bis zum Gespräch ein paar gemeine Fragen zurechtgelegt hat, um Sie auf Herz und Nieren zu prüfen. Es geht weniger um die Sache als darum, dass sie Ihnen eins auswischen will wegen Ihrer Aufschneiderei. Ein Adam würde Ihnen möglicherweise neutraler begegnen im Folgegespräch, sich durch Ihre Aufzählung der Argumente weniger genervt fühlen und gleich zur Sache kommen.

Und wie nutzt Eva die 60 Sekunden? Ihr Small Talk schafft sicher Beziehungen und Sympathie. Allerdings versäumt sie oft, klar ihr Interesse zu bekunden. Sie stellt viele Fragen und erwähnt Vorbehalte und Zweifel. Für sie ist dieses Verhalten ehrlich und aufrichtig. Sie will schließlich niemanden enttäuschen. Bei dem Vorgesetzten oder potenziellen Auftraggeber allerdings ist die Wahrscheinlichkeit hoch, dass er sich andere Kandidaten zum Vergleich ansieht. In seinen Augen hat sich Eva mit ihrer zögerlichen Vorgehensweise bereits selbst attestiert, dass das Projekt eine Nummer zu groß für sie ist. Er würde die Sache aussitzen und hoffen, dass sie nicht nach einem weiteren Termin fragt.

 Schreien Sie bei Projekten und prestigeträchtigen Aufgaben oder Aufträgen häufiger einmal laut „Hier", auch wenn sie ein wenig riskant sind. Stellen Sie Ihre Fragen und Selbstzweifel zurück, signalisieren Sie klares Interesse und schaffen Sie Fakten dafür, warum Sie die richtige Person sind. Überzeugen Sie potenzielle Kunden oder Mandanten, indem Sie sich vor solchen Gesprächen positiv konditionieren: Malen Sie sich aus, wie Sie gewinnen, nicht wie Sie scheitern.

 Überlegen Sie sich gut, ob Sie bei jedem Projekt oder potenziellen Auftrag „Hier" schreien wollen. Bedenken Sie auch, dass besonders gegenüber einer Eva ein zu lautes „Hier" Schreien eher abschreckend wirkt, weil sie findet, dass Sie heiße Luft verbreiten. Signalisieren Sie also faktenbasiert Ihre Bereitschaft, aber fordern Sie auch ein weiterführendes Gespräch zur Klärung ein.

Wenn nun ein Projekt gewonnen wurde, verhalten sich Adam und Eva wieder sehr unterschiedlich. Während sie sich still und heimlich an die Arbeit macht und gar nicht groß über das Projekt redet, steht er bereits am selben Abend an der Bar und erzählt, wie stolz er auf das gewonnene Projekt oder den neuen Kunden ist. Er wird auch dafür sorgen, dass ein möglichst großer E-Mail-Verteiler von seinem Erfolg in Kenntnis gesetzt wird. Klappern gehört für ihn zum Handwerk. Schon als Kind hat er gelernt, Erfolge zu verkaufen. Egal ob auf dem Fußballplatz oder in der Schule – er wird angestachelt durch Aussagen wie: „Na los, denen zeigst du es!" Erfolg wird auf sein Können zurückgeführt, nie auf Glück oder Zufall. Er ist eben ein Checker und weiß, wie alles geht. Wenn Jungen eine gute Note schreiben, verkünden sie diese lauthals, geben damit an. Gern wird noch erwähnt, dass der Lehrer gesagt hätte, es wäre fast eine Eins geworden (warum auch immer es dann keine geworden ist). Das gute Gefühl kommt vor der schlechten Note. Jungen neigen von klein auf zum Overstatement. Dank dieses Selbstverständnisses übersieht Adam potenzielle Probleme anfangs leicht.

Daher stocken Projekte oder Kundenbeziehungen bei ihm oft irgendwann in den ersten Wochen, wenn sämtliche Probleme auf den Tisch kommen. Dies löst bei ihm einen immensen Stress aus. Wenn er die Probleme allerdings gelöst hat, wird er auch dies wieder den richtigen Leuten mit Nachdruck verkünden. Auf Eva wirkt sein Verhalten wie nervtötende Aufschneiderei.

Evas Erfolge werden oft von ihr selbst, aber auch von anderen auf charakterliche Tugenden (wie Fleiß) zurückgeführt und nicht auf ihre fachlichen Fähigkeiten. Sie erzählt, wie viele Stunden sie gearbeitet hat (Prozessorientierung), und nicht, was dabei herausgekommen ist (Ergebnisorientierung). Sie selbst schmälert ihre Erfolge, da sie Beziehungen stören. Viele Evas haben zwar verstanden, dass man im beruflichen Kontext seine Erfolge vorweisen muss, damit sie von den richtigen Leuten gesehen werden, die einen dann wiederum in der Karriere unterstützen, aber es fällt vielen immer noch schwer, sich hinzustellen und zu sagen: „Das habe ich gemacht." Sie hoffen darauf, dass es irgendwie schon die richtigen Leute merken werden, was sie geleistet haben, oder sie kommunizieren es maximal an den eigenen Vorgesetzten. Von Kindesbeinen an wird Eva bei Misserfolg eher getröstet mit den Worten: „Macht nichts, man muss nicht alles können!" Da Freundinnen im Kindesalter sehr wichtig sind, lernt Eva von klein auf, ihren eigenen Erfolg zu schmälern, um die Beziehungsebene harmonisch zu erhalten. Sie hat notorisch nach Klassenarbeiten ein schlechtes Gefühl, aber doch die gute Note. Sie neigt also von klein auf zum Understatement. Sätze wie „Da kam aber auch genau das dran, was ich gelernt habe" oder „Ich habe einfach Glück gehabt" sind aus Mädchenmund nicht selten. Die Wurzeln für Over- beziehungsweise Understatement werden in der Kindheit gelegt und von uns allen (Eltern, Lehrern, Trainern) hervorragend gepflegt.

Eva steht bei einem gewonnenen Projekt irgendwann auch an der Bar, aber erst nach ein paar Tagen. Und dann streut sie großflächig sämtliche Bedenken und Probleme, die sie bei der Umsetzung hat. Sie hat die letzten Tage nämlich nicht mit Feiern verbracht, sondern damit, das Projekt genau zu verstehen, alle möglichen Tücken zu thematisieren und nur noch halb so begeistert am Start zu sein wie Adam. Hier prallen zwei grundlegende Glaubenssätze aufeinander. Seiner könnte lauten: „Ein neues Projekt ist eine super Herausforderung", ihrer könnte lauten: „Ein neues Projekt bringt nur Ärger." Während Adam Probleme komplett ausblenden kann, breitet Eva sie zu häufig aus, und das auch noch an der falschen Stelle, nämlich wenn es darum geht, Erfolge zu verkaufen. Was sie völlig übersieht: Während er sich damit brüstet, dass er ein Problem gelöst hat, hat sie dank ihres 360°-Radars viele Komplikationen gar nicht erst entstehen lassen. Nur verkauft sie dies nicht als Erfolg.

Lediglich die Krawall-Eva hat das Prinzip scheinbar verstanden. Ihr fehlt es leider nur wieder an Authentizität. Sie erschleicht sich Projekte auf perfide Art, lässt andere schlecht dastehen und posaunt ihre Erfolge gnadenlos heraus, teilweise aber so bierernst und in einem biestigen Ton, dass es der klassischen Eva sowieso aufstößt und den Adams außerdem auch, weil sie das kumpelhafte Augenzwinkern vermissen lässt, das er so beherrscht.

Ein Punkt, bei dem Evas gern angeben und ihre Erfolge verkaufen, sind ihre weiblichen Fähigkeiten oder Errungenschaften. Sätze wie „Ich bin eben eine Frau, deshalb kann ich das besser als Sie" oder „Gut, dass wir die Quote haben, sonst wäre die Stimmung hier noch aggressiver" werden von Adams als dumm und unqualifiziert empfunden. Hier gibt Eva nicht mit eigenen wirklichen Errungenschaften, sondern mit Pseudoweisheiten oder von ihr „unverschuldeten" Erfolgen (wie der Quote) an. Wichtig ist es in jedem Fall, mit Dingen anzugeben, die Sie als Eva selbst geleistet haben, und zwar am besten auf Basis von Zahlen, Daten und Fakten.

 Wenn Sie ein Projekt gewinnen, sorgen Sie dafür, dass es die richtigen Leute (nicht nur Ihr Vorgesetzter) anhand konkreter Fakten erfahren. Auch potenzielle zukünftige Vorgesetzte könnten bei einem informellen Gespräch am Kaffeeautomaten dazugehören. Stellen Sie ganz klar Ihre Leistung heraus und verstecken Sie diese nicht hinter einer Teamleistung. Verkünden Sie Ihre Ergebnisse, nicht Prozesse, das heißt nicht die Überstunden, sondern was in den Überstunden erarbeitet wurde. Und kommunizieren Sie auch ganz klar, wo Sie Probleme verhindert haben, denn das ist eine Ihrer zentralen Stärken. Am besten nehmen Sie sich vor, wöchentlich mindestens einen Erfolg in die richtigen Kanäle zu leiten. Betrachten Sie neue Projekte als Chance zu wachsen. Machen Sie gedanklich den möglichen Ruhm groß und die potenziellen Probleme klein, damit man Ihnen voll und ganz vertraut. Bewahren Sie sich trotzdem Ihre Fähigkeit, Probleme frühzeitig zu erkennen, aber arbeiten Sie diese dann im Hintergrund oder unter Zuhilfenahme von Experten ab. Das spart Energie und fördert das Vertrauen, das andere in Sie haben. Werben Sie nicht damit, dass Sie eine Frau sind, sondern mit konkreten Fakten.

Halten Sie Ihren Jubel über ein gewonnenes Projekt und die Verteilerlisten Ihrer Erfolgsmeldung in für Eva erträglichen Dimensionen. Bewahren Sie sich die Fähigkeit, Erfolge zu verkünden, aber an angemessene Verteilerlisten. Bedenken Sie, wie schnell Sie Eva mit zu viel Prahlen abstoßen. Und wenn sie nicht mehr kooperiert, bricht Ihnen wertvolles Potenzial weg. Bedenken Sie, dass Evas nicht von klein auf gelernt haben, die beste Burg zu bauen und „Guck mal" zu rufen, um Aufmerksamkeit zu bekommen. Helfen Sie vor allem den Evas in Ihrem Team, relevante Erfolge in der richtigen Menge an den richtigen Stellen zu streuen. Schärfen Sie Ihren Blick für die Schwachstellen eines Projekts oder Auftrags und planen Sie rechtzeitig Gegenmaßnahmen und Gegenargumente. Kehren Sie Mängel nicht unter den Teppich, nur um sich selbst Mut zu machen. Irgendwann fallen Ihnen diese Schwachstellen auf die Füße. Es hilft, sich frühzeitig damit auseinanderzusetzen, um keinen Einbruch zu erleben und die Teamleistung möglichst hochzuhalten. Je mehr Steine Sie frühzeitig aus dem Weg räumen, umso mehr werden Sie respektiert und umso mehr wird Ihnen vertraut.

Wie könnte eine erfolgsverkaufende Kommunikation aussehen, die für Adams und für Evas transparent und verträglich ist? Nehmen wir an, Sie haben ein Umsatzplus zu verbuchen und verkünden dies per Mail.

To: Mein Chef
Cc: Der Chef meines Chefs, der Vertriebsleiter, der Marketingleiter

Betreff: Umsatzplus von 10 Prozent beim Baumarkt Seliger

Hallo Herr Weber,
hiermit möchte ich Ihnen die Ergebnisse meiner Umsatz-Offensive im Monat Mai mit dem Team um Frau Schmitz, Herrn Siegel und Herrn Kern mitteilen. Wir verzeichnen beim Baumarkt Seliger ein Umsatzplus von 10 Prozent, was doppelt so hoch liegt wie geplant.
Die wesentlichen Gründe für dieses Plus liegen darin,
• dass wir den Kunden von unseren Produktneueinführungen durch eine starke Verkaufspräsentation überzeugen konnten
• dass wir den Wettbewerber Holler durch eine aggressive Preispolitik vom Regal verdrängen konnten
• dass wir durch starke unterstützende Kommunikationsmaterialien überproportional Regalplatz sichern konnten
• dass wir insgesamt eine sehr starke Beziehung zu dem Kunden aufbauen konnten.

Nächste Schritte
• Ausrollen des Konzepts beim Kunden Hörner und Feller & Söhne für ein weiteres Umsatzplus von min. 10 Prozent
• Kontrolle des Abverkaufsplans mit weiteren verkaufsfördernden Maßnahmen

Der Verteiler ist auf die wesentlichen Personen beschränkt. (Beiläufig kann ein solcher Erfolg natürlich auch einmal gegenüber der Personalabteilung und weiteren relevanten Personen in einem Gespräch am Kaffeeautomaten erzählt werden.) Das Team findet außerdem explizit Erwähnung, ein „weicherer", aber wichtiger Grund ist als Letztes eingebaut, nämlich die Kundenbeziehung. Darüber hinaus ist im letzten Schritt ein potenzielles Problem nicht unter den Tisch gefallen, aber gleich in eine Lösung umgewandelt worden, nämlich ein Abverkaufsplan.

So formuliert ist die Kommunikation nicht nur für Adam und Eva erträglich, sondern auch in höchsten Maße karriereförderlich, weil sie gezielt gestreut wurde, auf harten und weichen Fakten basiert und sämtliche Probleme in Lösungen umgewandelt wurden. Vielseitiger und mehr Ressourcen nutzend kann die Kommunikation fast nicht sein.

Situation 39
Mit Coaches, Mentoren und anderen „Helfern" arbeiten

In vielen Geschäftssituationen brauchen wir Input oder Hilfe von außerhalb. Organisationen sind heute bewusst so aufgebaut, dass es unterschiedliche Expertisebereiche gibt, die sich klar voneinander abgrenzen. Diese Bereiche müssen dann miteinander kooperieren. Informationen müssen fließen.

Das Bitten um Hilfe oder um Informationen fällt Adam immer noch schwer. Er hat das Gefühl, sich vom Status her herabzusetzen, sich klein zu machen, wenn er andere um Hilfe oder Informationen bittet. Seine Ziel- und Lösungsorientierung sorgt dafür, dass er Dinge lieber allein regeln will. Er nimmt in Kauf, dass die Informationen, die er selbst herausfindet, nur zweite Wahl sind. Und er nimmt auch in Kauf, dass er einen anstrengenderen Weg wählt, denn der Druck, alles allein zu schaffen, ist immens. Ihm ist aber an der Stelle wichtiger, seinen Status nicht zu gefährden, sich nicht schwach zu fühlen. Nicht nur im Hinblick auf Kollegen im Unternehmen trifft dieses Verhalten zu.

Auch wenn es darum geht, mit Mentoren oder Coaches zu arbeiten, sieht Adam das immer noch als Bestrafung. „Als käme ich nicht allein klar", ist seine Reaktion. Ich beobachte als Coach immer wieder den gleichen Unterschied: Wenn ich meine Gender-Workshops anbiete, um an erlebbaren Beispielen die Geschlechterunterschiede klarzumachen, kommen die Evas sofort und wollen etwas lernen, bei den Adams kommen nur die wenigen Aufgeschlossenen freiwillig. Die Vorstellung, in einem solchen Workshop etwas von sich preisgeben zu müssen, schreckt viele ab. Und außerdem wissen sie ja eh, wie der Hase läuft.

Das Suchen eines Mentors für die eigene Karriere würde Adam nie so öffentlich machen wie Eva. Er hat sicher auch seine Gönner und seine Seilschaften, die ihn in seiner Karriere fördern, aber er würde sie nur selten öffentlich als Mentoren bezeichnen. Es soll nach außen immer so aussehen, als hätte er alles allein geschafft. Das braucht er für sein Ego. Er fragt ja auch nicht nach dem Weg. Zu einem Coach gehen immer noch mehr Evas, Adam braucht so etwas nicht. Und wenn er zu einem Coach geschickt wird, sagt er: „Ich musste zu Ihnen kommen." Allerdings hat er im Coaching dann sehr klare Zielvorstellungen. Die Frage, was für ihn ein gutes Ergebnis des Gesprächs wäre, kann Adam meist gut und mit einem präzisen Satz beantworten.

Evas hingegen sagen: „Ich habe mir überlegt, dass ich mich coachen lassen möchte." Sie können aber oft nicht so konkret benennen, was sie mit dem Coaching erreichen möchten. Es kommen Antworten wie „Ich möchte mich einmal reflektieren" oder „Ich möchte einfach mal drüber reden". Ihre Vorstellungen sind weniger konkret. Viele Evas nutzen den Coach auch zum Ausweinen, das brauchen sie manchmal. Irgendwo werden sie alle doch noch gern tröstend in den Arm genommen. Daran ist nichts Böses, sofern es ihnen irgendwann gelingt, den Schalter wieder in den Lösungsmodus zu stellen. Ich halte nichts davon, den Frauen zu raten, diese so offensichtlichen Emotionen als unprofessionell abzutun.

Evas kommen also eher freiwillig zu einem Coach und sie suchen sich auch bewusst Mentoren, fragen die Personen sogar offiziell, ob sie ihr Mentor werden wollen. Für Eva hat das Hilfeannehmen nämlich eine andere Bedeutung. Es weitet ihr Repertoire aus, sie kann etwas dazulernen, sie kann Perspektiven integrieren. Die klassische Eva bittet nicht nur mit großer Selbstverständlichkeit um Hilfe, sondern auch um Informationen aus anderen Bereichen. Nur Krawall-Evas meinen, sie könnten alles allein regeln, und das wie immer noch extremer als jeder Adam. Sie grenzen sogar bewusst andere aus und machen sich noch darüber lustig.

Wie wirkt nun das Verhalten von Adam und Eva auf das jeweils andere Geschlecht? Adams Mentalität, alles allein zu schaffen, empfindet Eva häufig als anstrengend, weil es sie ausschließt. Für sie ist es außerdem schwer nachvollziehbar, wie man sich mit einer zweitbesten

Lösung arrangieren kann, wenn man mit einmal Nachfragen etwas viel Besseres bekommen könnte. Sie empfindet dies als kurzsichtig und egozentrisch. Manchmal belächelt sie ihn müde, weil sie nicht nachvollziehen kann, warum er sich so abrackert, wenn er es viel einfacher haben könnte.

Evas Fragerei und Hilfesucherei wirkt auf Adam hingegen unselbstständig und dumm. Er empfindet sie dadurch als inkompetent. Er denkt, sie fragt, weil sie so vieles nicht weiß. Wenn er diese Dinge nicht weiß, würde er sie sich an derselben Stelle lieber selbst erschließen, statt so hilflos zu wirken.

Dabei sind beide Verhaltensweisen gut und wichtig. Im Vorfeld zu einer Entscheidung ist Evas Art, Informationen zu suchen und zu sammeln, sehr hilfreich. Auch das Hinzuziehen von Coaches und Mentoren kann Energie und Kraft sparen, denn viele Wege erschließen sich mir nicht, wenn ich in meinen Mustern gefangen bin. Da kann eine Perspektive von außen sehr aufschlussreich sein. Und das sage ich nicht nur, weil ich als Coach davon lebe, sondern weil ich viele Menschen sehe, die glauben, sich bis zum Umfallen selbst beweisen zu müssen. Adams „Einfach-mal-machen"-Mentalität hingegen ist sehr hilfreich, wenn schnelle Entscheidungen gefragt sind, Dinge vorangehen müssen und zu viele Informationen keinen Zusatznutzen mehr bringen.

 Üben Sie das Annehmen von Hilfe. Vor wichtigen Entscheidungen oder großen Karriereschritten, bei Problemen, wo Sie sich im Kreis drehen, kann die Perspektive von außen sehr bereichernd sein. Sie müssen es ja nicht jedem erzählen, wenn es Ihnen unangenehm ist. Sie können, wenn Sie bei einer Aufgabe festhängen, Fragen so formulieren, dass Sie Ihre Souveränität nicht verlieren, zum Beispiel: „Was sind für Sie die drei wichtigsten Kriterien, die es zu beachten gilt?" oder „Welcher Schritt ist für Sie jetzt wichtig?" Dadurch stellen Sie ganz klar, dass es nicht um Ihre Ratlosigkeit, sondern um die Perspektive aus der Sicht des anderen geht. Oder machen Sie sich Evas zunutze und fragen Sie dort die Informationen ab, die Ihnen fehlen. Eva sammelt gern viele Informationen und stellt diese zur Verfügung.

Das muss kein Zeichen mangelnder Kompetenz sein. Haben Sie
den Eindruck, dass sie sich verzettelt und gar nicht mehr vor-
wärtskommt, geben Sie ihr ein beziehungswahrendes Feedback,
zum Beispiel: „Es ist gut, dass Sie so viel Input eingeholt haben.
Mein Eindruck ist, dass wir jetzt zu einer Entscheidung kommen müssen. Jeder weitere Input würde uns an dieser Stelle
mehr verwirren als weiterbringen." So stellen Sie ihr Verhalten
nicht infrage, zeigen nur hilfreich auf, ab wann ein anderes Verhalten sinnvoller ist.

 Bewahren Sie sich Ihre Art, Hilfe anzunehmen, aber stoppen Sie
diesen Prozess bewusst, wenn es darum geht, schnell vorwärtszukommen und Entscheidungen zu treffen. Stoppen Sie den
Prozess auch, wenn Sie das Gefühl haben, in Informationen zu
ertrinken. Üben Sie, an manchen Stellen einfach mal zu handeln. Nutzen Sie Hilfspersonen wie Coaches oder Mentoren
zum Ausweinen, schalten Sie dann aber bewusst in einen
Lösungsmodus um und überlegen Sie gezielt mit dem Coach,
wie Sie Ihre Situation verbessern wollen. Stellen Sie sich die
Frage „Was ist mein gewünschtes Ergebnis nach diesem Gespräch?" bei jedem Gespräch mit einer Hilfsperson. So bringen
Sie sich selbst in einen Lösungsfokus. Wenn Sie mit Adams arbeiten, bedenken Sie, dass diese gern eigene Lösungen produzieren und sich durch zu viele Fragen schnell in ihrer
Kompetenz angezweifelt sehen. Bewundern Sie ihn also immer
für seinen Lösungsfokus, er braucht das. Statt zu sagen: „Sie
entscheiden immer, ohne vorher jemanden zu fragen", bieten
Sie ihm lieber eine Kooperation an: „Es ist absolut richtig, dass
wir hier schnell entscheiden sollten. Hier sind meine Informationen zu dem Thema." So kann er Ihre Informationen verwer-
ten und annehmen, ohne sich belehren lassen zu müssen, was
er hätte tun sollen.

Selbstverständlich soll dies nicht heißen, dass Evas Informationen sammeln und Adam dann entscheidet. Das Ganze kann und sollte eine gemeinsame Aktion sein. Am Ende des Tages muss eine gute Füh-

rungskraft beides beherrschen. Es geht hier nur darum, die Ressourcen bei der Person abzurufen, die sie tiefer verinnerlicht hat, und daraus zu lernen. Was für eine schöne Bereicherung unseres Repertoires.

Situation 40
Netzwerken

In vielen Karriereratgebern wird zu Recht auf die Bedeutung des Netzwerkens hingewiesen. Wenn ich jemanden persönlich kenne und schätze, ist die Wahrscheinlichkeit größer, dass ich diese Person unterstütze.

Argwöhnisch schauen in diesem Zusammenhang viele Evas auf den Old-Boys-Club oder die Golf-Club-Bekanntschaft mit dem Kunden und fragen sich, warum das Netzwerken bei Männern für die Karriere so gut funktioniert und bei vielen Frauen nicht. Dies liegt daran, dass Frauen schlichtweg anders netzwerken als Männer. Evas nutzen Netzwerke in erster Linie, um sich Hilfe oder Informationen zu holen. Dies erklärt, warum sie sehr gut horizontal über verschiedene Bereiche im Unternehmen oder auch außerhalb vernetzt sind. Es ist keine Seltenheit, dass die Außendienstlerin beim Besuch in der Konzernzentrale mit dem Kollegen aus der Logistik zum Mittagessen geht, um sich einfach mal auszutauschen oder einen Prozess geradezurücken, der zwischen den beiden Bereichen nicht ganz rundläuft. Oder Eva kennt außerhalb eine Eva in der gleichen Hierarchiestufe, von der sie sich Rat zur Karriereplanung holt. Der Vorteil dieser Quervernetzung ist ein immenses Wissen über Abläufe in anderen Abteilungen oder Firmen, was ihr im Problemfall hilft, umfassendere Lösungen zu produzieren. Außerdem werden andere ihr so schnell keinen Gefallen ausschlagen, da man sie kennt und sie jeden Bereich im Unternehmen gleichermaßen wertschätzt. Sie investiert viel in ihre Netzwerke, gibt bereitwillig Informationen preis. Für das emotionale Bankkonto und einen guten Informationsstand ist diese Art des Netzwerkens ein großer Vorteil.

Genauso verhält es sich mit den zahlreichen Frauennetzwerken. Viele Frauen nutzen diese Netzwerke, um voneinander zu lernen, wie frau heutzutage erfolgreich sein und Beruf und Familie unter einen Hut bekommen kann etc. Allerdings ist hier auch Vorsicht geboten. Es gibt wunderbare Frauennetzwerke, aus denen Frauen wirklich großen

Nutzen ziehen. Allerdings habe ich auch schon Netzwerke gesehen, in denen die Frauen sich zum Weinen treffen. Es wird über die böse Männerwelt gehetzt, ohne dass ich als Frau irgendeinen Nutzen daraus ziehen könnte. Im Gegenteil, oft ist eine große Frustration das Ergebnis. Besonders gefährlich ist es, wenn diese Frauennetzwerke von Krawall-Evas unterwandert sind. Dann ist eine großartiger als die andere, Probleme hat natürlich keine und Hilfe braucht sie auch nicht, weil sie ja weiß, wie es geht. Solche Netzwerke bringen der Krawall-Eva genauso wenig wie der klassischen Eva, die sich am Ende eines Netzwerkabends schlecht fühlt, weil sie nicht so toll ist wie die anderen.

Unsere Krawall-Eva hat allerdings schon ganz gut verstanden, wie Adam Netzwerke nutzt, nämlich um sich zu positionieren und nach oben zu kommen. Er stellt sich mit Titel und Firma vor und mit einem klaren Grund, warum er da ist (nicht wie Eva: „Ich lass mich mal überraschen"). Im Gegensatz zur Krawall-Eva steigt Adam jedoch irgendwann aus dem Posing-Modus aus, führt zielgerichtete Gespräche, nimmt Hilfe an, obwohl er nicht laut darum bittet. Adam ist oft firmenübergreifend mindestens auf gleicher Ebene, wenn nicht sogar ein bis zwei Ebenen darüber vernetzt. Als ziel- und lösungsorientierter Mensch nutzt er die Netzwerke primär, um beruflich vorwärtszukommen, um Geschäft zu generieren. Daher wird er auch in der Firma immer mehr nach oben netzwerken als seitwärts. Er kennt jeden potenziellen Vorgesetzten persönlich, möglicherweise aber nicht wie Eva den Kollegen aus dem Einkauf. Die Konsequenz ist klar: Wird irgendwo eine Stelle frei, profitiert er davon, dass er sich dafür bereits informell bei dem Vorgesetzten ins Gespräch gebracht hat. Man kennt ihn eben. Braucht er mal einen Gefallen auf gleicher Ebene, wird man ihn möglicherweise mehr auflaufen lassen als die horizontal vernetzte Eva.

Eva wiederum fehlt dieses Netzwerken nach oben häufig komplett, um sich überhaupt ins Gespräch zu bringen. Da oben oft auch nur Männer sitzen, hat sie noch ein weiteres Problem: Sie fürchtet, dass er den persönlichen Kontakt falsch verstehen könnte. Das Netzwerken mit potenziellen männlichen Kunden fällt ihr beispielsweise vor diesem Hintergrund extrem schwer. Und wenn sie mit dieser Befürchtung unterwegs ist, dann wird sie die Situation sogar vielleicht noch heraufbeschwören.

Grundsätzlich gilt, dass beide Geschlechter einen Hang haben, beim Netzwerken unter sich zu bleiben, eben weil es informell ist. Hier wird die gleiche Sprache gesprochen und es ist bequem. Dabei liegt in informellen Netzwerken eine große Möglichkeit für Adam und Eva, die Geschlechtergrenzen zu sprengen, den anderen besser zu verstehen. Dennoch bauen Evas oft reine Frauennetzwerke, sodass Adams manchmal beleidigt sind, dass sie nicht Teil des Ganzen sein dürfen. Und Adams lassen zwar Evas in ihre Netzwerke hinein, schließen sie bei Gesprächen aber auch mal aus. Oder sie flirten sie einfach nur dumm an, sodass gleich klar ist, welchen Stellenwert Eva in diesem Netzwerk hat.

 Netzwerken Sie weiter horizontal, vor allem für das emotionale Bankkonto, aber unbedingt auch nach oben. Das Lunch-Date mit einem potenziellen Vorgesetzten ist für die Karriere wichtig, denn wenn Sie aufsteigen wollen, brauchen Sie jemanden, der an Ihnen zieht. Legen Sie den Glaubenssatz, dass Mann Sie missverstehen könnte, ad acta. Ersetzen Sie ihn durch: „Es ist klar, dass es hier ums Geschäft und sonst nichts geht." Dann werden Sie es auch ausstrahlen. Wenn Sie über jeden Zweifel erhaben sein wollen, laden Sie den Chef samt Frau zum Abendessen zu viert ein. Dann sind die Fronten geklärt. Positionieren Sie sich klar innerhalb dieser Gespräche und formulieren Sie, was Sie wollen. Bewahren Sie sich Ihr Geben-und-Nehmen-Denken. Gutes Netzwerken funktioniert genau so. Wenn Sie Frauennetzwerke für sich als hilfreich ansehen, wählen Sie diese gut aus. Wenn die anwesenden Damen nur erzählen, wie toll sie sind, oder sich nur beschweren und über ihre Opferrolle weinen, werden Sie wenig Nutzen aus diesem Netzwerk ziehen. Suchen Sie sich eines, das eine klare Agenda und Lösungsorientierung hat. Viel wichtiger als Frauennetzwerke sind jedoch gemischte bereichs- und geschlechterübergreifende Netzwerke, bei denen Sie sich einen Namen machen können. Gehen Sie nach der Arbeit mit aufs Feierabendbier. Je weniger Aufhebens um Ihr Geschlecht gemacht wird, umso selbstverständlicher können Sie für sich den Weg nach oben beanspruchen.

Bewahren Sie sich Ihr Netzwerken nach oben. Es ist ein wichtiger Baustein für Ihre Karriere. Und bewahren Sie sich Ihre klare Nutzenorientierung. Unterschätzen Sie nicht die Bedeutung der Quervernetzung, um ein emotionales Bankkonto aufzubauen oder an Informationen zu kommen, die für Ihre beruflichen Ziele wichtig sein können. Lernen Sie von Eva, auch mehr in ein Netzwerk oder einen Kontakt zu investieren, als Sie gerade herausholen können. Langfristig zahlt sich dieses ausgeglichene emotionale Bankkonto aus. Lassen Sie Ihren eigenen Vorteil also gelegentlich hintenanstehen. Evas werden mehr und mehr Teil von Netzwerken werden. Je selbstverständlicher Sie damit umgehen und je weniger Sie das Geschlecht überhaupt thematisieren, umso reibungsloser wird dieser Prozess ablaufen. Schließen Sie Evas gedanklich und sichtbar nicht aus. Zum einen kommt das bei ihnen überhaupt nicht gut an, zum anderen könnte Ihnen eine Menge Potenzial verloren gehen. Gerade im informellen Austausch können Sie das eine oder andere über sie lernen, das Sie schon lange beschäftigt. Binden Sie sie also bewusst in Ihre Gespräche mit ein, und zwar als gleichwertige Partnerin und nicht als Flirtobjekt.

Definieren Sie klare Ziele, die Sie beim Netzwerken erreichen wollen, und überlegen Sie, wie Ihnen welche Form und welche Kontakte dabei helfen können. Wollen Sie beispielsweise nach oben, brauchen Sie Kontakt zu potenziellen neuen Vorgesetzten. Wollen Sie mehr Geschäft generieren, können Kollegen aus anderen Bereichen für ein informelles Brainstorming hilfreich sein; externe Netzwerke und kulturelle oder sonstige Veranstaltungen bringen sie in Kontakt mit potenziellen Kunden. Wollen Sie ein Problem lösen, können Branchennetzwerke helfen. Wollen Sie Bekanntheit, können soziale Netzwerke ein guter Tipp sein. Überlegen Sie sich, was Sie konkret erreichen wollen, bevor Sie netzwerken. Überprüfen Sie nach jeder Netzwerkaktivität, inwiefern diese zu Ihrem Ziel beigetragen hat, und korrigieren Sie Ihren Weg, wo nötig.

Abschließend noch ein wichtiger Punkt, weil das Thema „Flirten" im Zusammenhang mit dem Netzwerken Erwähnung fand. Immer mehr Beziehungen beginnen am Arbeitsplatz. Und auch leider immer mehr Affären. Manche Affären beginnen vielleicht sogar aus Berechnung, um ein Geschäfts- oder Karriereziel zu erreichen. Egal aus welcher Motivation eine Beziehung entsteht: Adam kann dieses Geheimnis wunderbar hüten, bis es spruchreif ist und erwähnt werden muss. Schließlich gibt es so etwas wie einen Interessenskonflikt. Seine Loyalität zur Firma lässt es dann nicht mehr zu, eine echte Beziehung geheim zu halten, eine Affäre allerdings schon. Die schließt er dann in seine Affären-Box ein. Eva hat den Hang, das Geheimnis einer Beziehung oder einer Affäre nicht für sich behalten zu können. Sie möchte diese Information teilen, weil sie indirekt das Gefühl hat, andere zu belügen, wenn sie nichts sagt. Sie holt sich sogar Rat von Kollegen, wie sie nun mit der Situation umgehen soll. Der Haken daran ist, dass andere Evas auch gern Informationen teilen und ein Geheimnis unter Evas bald keines mehr ist. Hier gibt es nur eine einzige Möglichkeit. Wenn es eine Affäre ist, dann packen Sie diese als Eva genauso wie Adam in eine Box. Sie können nur verlieren, wenn dieses Thema ans Tageslicht kommt, und zwar leider als Eva immer noch mehr als ein Adam. Wenn es eine ernsthafte Beziehung ist, warten Sie die „Probezeit" ab, bevor Sie sich jemandem mitteilen. So sparen Sie sich dummes Gerede, Klatsch und Tratsch, die immer Ihre Professionalität infrage stellen. Wenn die Beziehung spruchreif ist, dann raus damit, aber auch keinen Moment früher.

Ausblick:
Was können Sie persönlich nun tun?

Mit dem neuen Wissen aus den vorangegangen 40 Situationen und der allgemeinen Einführung können Sie nun hoffentlich einige Missverständnisse aus dem Weg räumen, einige Dinge besser verstehen und einige Konflikte verhindern. Sie können immer mal wieder das Buch zum Nachschlagen zur Hand nehmen, denn manche Situationen sind Ihnen vielleicht bisher unbekannt, werden Ihnen aber möglicherweise irgendwann einmal begegnen, zum Beispiel wenn neue Mitarbeiter auftauchen, Sie in ein anderes Unternehmen wechseln etc.

Ich möchte Sie ermutigen, mit den in diesem Buch geschilderten neuen Verhaltens- und Kommunikationsweisen zu experimentieren, zu probieren, was passiert, wenn Sie Ihr Verhalten modifizieren oder komplett ändern. Machen Sie sich bewusst, warum der andere so reagiert, wie er reagiert, und verurteilen Sie nicht. Streichen Sie Begriffe wie „typisch Mann" oder „typisch Frau" aus Ihrem Wortschatz. Helfen Sie so mit, die sinnlosen Machtkämpfe und Kluften zwischen Mann und Frau im Geschäftsleben endlich ad acta zu legen. Keiner ist besser, keiner ist schlechter, beide haben ihre Fähigkeiten und für beide Fähigkeiten gibt es Situationen, wo diese Fähigkeiten besonders passen, und Situationen, wo diese Fähigkeiten nicht hinpassen. Lassen Sie uns endlich beginnen, beruflich wie privat, zu akzeptieren, dass der andere anders ist und dass wir voneinander eine Menge lernen können, wenn wir offen füreinander sind. Und, liebe Krawall-Evas, holt die Eva in Euch wieder hervor und probiert es noch einmal neu. Ich bin mir sicher, dass Euer Erfolg weitreichender sein wird.

Zu guter Letzt, betrachten Sie das Thema mit dem nötigen Humor. Wenn wir den verlieren, ist es ohnehin zu spät. Lernen Sie, über die Marotten des anderen Geschlechts zu schmunzeln, statt sie zu bewerten oder gar zu verteufeln. Und wenn Sie einmal völlig im Dunkeln stehen, dann reden Sie über die Verhaltens- und Kommunikationsunterschiede. Suchen Sie sich einen Sparringspartner des anderen Geschlechts, mit dem Sie in keiner Geschäfts- oder Privatbeziehung stehen, und besprechen Sie Ihre Fragen. Sie werden immer etwas dabei lernen. Aber dramatisieren Sie das Thema nicht. Es ist alles viel einfacher, als wir denken, wenn wir uns ein bisschen aufeinander zubewegen und aufhören, die Geschlechterthematik als Problem zu sehen. Sehen wir sie als große Chance und überlegen wir täglich, wie wir mehr aus unseren Unterschieden machen können. Bleiben Sie neugierig für das andere Geschlecht wie damals mit sechzehn, nur diesmal vielleicht weniger sexuell, sondern mehr auf einer Verhaltens- und Kommunikationsebene.

In diesem Sinne wünsche ich Ihnen den beruflichen Erfolg, den Sie sich wünschen, in einer wertschätzenden und verständnisvollen Zusammenarbeit, sodass Sie in Ihrem Unternehmen mit der geballten Power von Adam und Eva Ihre Geschäftsziele übertreffen und gemeinsame SIEgER werden. Ich wünsche Ihnen von Herzen viel Spaß dabei!

Literatur

Enkelmann, Claudia E.: Die Venus-Strategie, München 2011

Enkelmann, Claudia E.: Mit Liebe, Lust und Leidenschaft zum Erfolg, Regensburg 2002

Flett, Christopher V.: Was Männer Frauen nicht erzählen, Weinheim 2009

Gerzema, John; d'Antonio, Michael: The Athena Doctrine, San Francisco 2013

Knaths, Marion: Spiele mit der Macht, Hamburg 2007

Kumbier, Dagmar: Sie sagt, er sagt, Hamburg 2010

Modler, Peter: Das Arroganzprinzip, Frankfurt 2011

Nitzsche, Isabel: Spielregeln im Job, München 2011

Pease, Allen & Barbara: Warum Männer nicht zuhören und Frauen schlecht einparken, München 2001

Sandberg, Sheryl: Lean in, Berlin 2013

Tannen, Deborah: Talking from 9 to 5, New York 1994

Tannen, Deborah: You just don't understand, New York 2007

Wittenberg-Cox, Avivah: How women mean business, Chichester 2010

Danksagung

Mein Dank gilt meinen Klienten und Seminarteilnehmern und den vielen Unternehmen, in die ich in den letzten mehr als 20 Jahren so viele spannende Einblicke bekommen habe. Ich habe aus jedem Gespräch im Rahmen oder am Rande meiner Seminare, aus jedem Meeting, aus jedem Workshop eine Menge zu der Geschlechterthematik gelernt.

Danke an alle Freunde und Bekannten, denen meine Diskussionen über geschlechterspezifisches Verhalten am Arbeitsplatz sicher schon aus den Ohren kommen. Der latente Perfektionist in mir brauchte diese Unterhaltungen, um die Ausführungen noch einmal abzusichern und zu untermauern. Und danke an Eure vielen kreativen Ideen zum Buchtitel, am Ende ist es ein ganz anderer geworden. Danke auch an die Gäste in Seminarhotels und an die Fahrgäste der Bahn, deren Gespräche ich unfreiwillig mit anhören durfte und die meine Thesen immer wieder bestätigt haben.

Der größte Dank geht an meine drei Männer zu Hause. Ihr seid meine tägliche Inspirationsquelle, mein „Live-Anschauungsmaterial", und Ihr führt mir immer wieder vor Augen, wie verschieden Männer und Frauen eben einfach sind und wie schön sie trotzdem zusammenleben können. Ihr seid die Besten!

Michael Brückner
Die Gesetze der Erfolgreichen
Von den Besten lernen
216 Seiten
Klappenbroschur
978-3-8319-0575-1
€ 16,95 [D]/€ 17,50 [A]

Erfolgreiche Menschen „ticken" anders. Sie stellen Bewährtes infrage, denken quer zum Mainstream, haben den Mut, auch scheinbar verrückte Dinge umzusetzen, brechen Regeln und Konventionen und hören nicht auf Bedenkenträger. In diesem Buch lernen Sie die zehn wichtigsten Gesetze der Sieger kennen – praxisnah, leicht nachvollziehbar und motivierend geschrieben. Lassen Sie sich inspirieren zum verändernden Querdenken und zur Umsetzung unkonventioneller Ideen. Diese Gesetze haben schon viele erfolgreich und wohlhabend gemacht. Einige bekannte und weniger bekannte Beispiele werden Ihnen in diesem Buch vorgestellt. Es ist ein Karriere-Navi für erfolgsorientierte Arbeitnehmer, Selbstständige und Existenzgründer.

Michael Brückner arbeitet als freier Wirtschaftsjournalist, Autor und Kommunikationsberater. Nach 16-jähriger Tätigkeit als Zeitungs- und Chefredakteur machte er sich 1995 selbstständig. Zu seinen Kunden im Beratungsgeschäft gehören viele Mittelständler, deren Erfolgsgeheimnisse in seinen neuen Ratgeber eingeflossen sind.

Robert Jakob
100 ganz legale Börsentipps
und -tricks
Vermögensaufbau mit Aktien
ist einfach
216 Seiten
Klappenbroschur
978-3-8319-0594-2
€ 16,95 [D]/€ 17,50 [A]

Die Börse ist kein Glücksspiel im Kasino. Sie bietet Ihnen vielmehr die einmalige Gelegenheit, sich selbst gezielt einen Anteil an jener Kraft zu sichern, die in den großen Wirtschaftsunternehmen dieser Welt steckt. Wenn Sie in die richtigen Wertpapiere investieren, werden Sie reich belohnt. Damit Sie sich Ihre Träume erfüllen können, hat der Finanzmarktspezialist Robert Jakob für Sie seine 100 besten ganz legalen Börsentipps und -tricks zusammengestellt. Der Autor schöpft dabei aus seiner jahrzehntelangen Erfahrung als Wissenschaftler und Banker und geht detailliert auf die Besonderheiten in Deutschland, Österreich und der Schweiz ein. Vermögensaufbau mit Aktien ist einfach – man muss nur wissen, wie!

Robert Jakob, promovierter Naturwissenschaftler und Buchautor, arbeitete in der Grundlagenforschung und für Verlage, Versicherungen und Banken. Der Kommunikationsspezialist ist ein ausgewiesener Kenner der Finanzszene. Er leitete die Redaktion des Swiss Equity Magazins und ein Team von Aktienanalysten. Seine Bücher haben Preise gewonnen und Einzug in Bestsellerlisten gehalten.

Thomas Bergner
Dein Leben ist leicht,
wenn du es willst
Den Selbstwert stärken
224 Seiten
Klappenbroschur
ISBN 978-3-8319-0577-5
€ 14,95 [D]/€ 15,40 [A]

Wir können aktiv Einfluss darauf nehmen, wie glücklich wir in unserem Leben sind. Thomas Bergner gibt konkrete und lebensnahe Tipps, wie wir unsere individuellen Stolpersteine aufspüren, die häufig aus den Erwartungen der anderen bestehen, oft genug aber auch aus den Erwartungen an uns selbst. Erst wenn diese Hindernisse identifiziert sind, können sie verarbeitet und schließlich losgelassen werden, um so ein leichteres Leben zu ermöglichen. Dieses Buch ermutigt, sich selbst anzunehmen, so wie man ist – ohne Wenn und Aber.

Thomas Bergner, Studium der Humanmedizin in Erlangen und München (Dr. med.). Facharztausbildung zum Dermatologen. Psychotherapeutische und systemische sowie Coaching-Ausbildungen. Von 1993 bis 2002 in eigener Praxis im Raum München niedergelassen. Seit 1994 als Coach für Führungskräfte tätig mit dem Fokus auf Burnout-Prävention, Lösung von Überlastungsreaktionen und persönlichem Change-Management. Sach- und Fachbuchautor sowie Berater, Speaker und Trainer für internationale und mittelständische Unternehmen und im Non-Profit-Bereich.

Alexandra Bischoff
Ich wünsche mir Gelassenheit
Ein Balancierkurs für die Seele
160 Seiten
Klappenbroschur
ISBN 978-3-8319-0511-9
€ 12,95 [D]/€ 13,40 [A]

Es gilt, sich auf der Wippe des Lebens immer wieder neu ins Gleichgewicht zu bringen, nicht steif in der Mitte zu stehen, sondern flexibel äußere Impulse auszugleichen. Das Buch ist ein alltagsorientierter, psychologisch fundierter Ratgeber zur Selbststärkung. Die erläuternden Texte werden abwechslungsreich ergänzt durch Anregungen zur Selbstreflexion und Anleitungen für Entspannungsübungen. Am Ende des Buches werden Sie um das wertvolle Wissen reicher sein, wie man trotz alltäglicher Widrigkeiten sein inneres Gleichgewicht wiederherstellen kann.

Alexandra Bischoff, geb. 1964, ist promovierte Diplom-Soziologin und arbeitet bei der Landeshauptstadt München. Unter dem Namen „Balance – Dr. Alexandra Bischoff" ist sie außerdem als Systemischer Coach und als Trainerin für Themen der Persönlichkeitsentfaltung tätig. Selbststärkung und Entspannung sind ihr dabei besonders wichtig. Sie lebt mit ihrer Familie in München.

Bibliografische Information der Deutschen Nationalbibliothek
Die Deutsche Nationalbibliothek verzeichnet diese Publikation in der
Deutschen Nationalbibliografie; detaillierte bibliografische Daten sind
im Internet über http://dnb.d-nb.de abrufbar.

ISBN 978-3-8319-0603-1

Text: Katrin Seifarth, Frankfurt am Main
Lektorat: Annette Krüger, Hamburg
Gestaltung: BrücknerAping Büro für Gestaltung GbR, Bremen
Gesamtherstellung: CPI books GmbH, Leck
www.ellert-richter.de

Titelbild: iStockphoto
Autorenfoto: privat   .